"十二五"普通高等教育本科国家级规划教材

普通高等教育"十一五"国家级规划教材

国家精品课程教材

清華大学 计算机系列教材

郑莉 编著

C++语言程序设计(第5版)学生用书

清華大学出版社
北京

内 容 简 介

本书是与《C++ 语言程序设计(第 5 版)》(清华大学出版社,ISBN 为 9787302566915)配套的学生用书。本书首先给出了一个简要的"学习指南",其余章节与主教材《C++ 语言程序设计(第 5 版)》相对应,每章内容分为 3 部分:第一部分是主教材要点导读,主要是为自学读者指明学习重点,建议学习方法。第二部分是实验,每章都有一个精心设计的实验,与《C++ 语言程序设计(第 5 版)》相应章内容配合,使读者在实践中达到对主教材内容的深入理解和熟练掌握。每一个实验都包括实验目的、实验任务和实验步骤。第三部分是习题解答,给出了《C++ 语言程序设计(第 5 版)》各章习题及补充习题的参考答案。本书适合作为高等院校程序设计课程的教辅书。

图书在版编目(CIP)数据

C++ 语言程序设计(第 5 版)学生用书/郑莉编著. —北京:清华大学出版社,2022.7(2024.3重印)
清华大学计算机系列教材
ISBN 978-7-302-60697-0

Ⅰ. ①C… Ⅱ. ①郑… Ⅲ. ①C++ 语言-程序设计-高等学校-教材 Ⅳ. ①TP312.8

中国版本图书馆 CIP 数据核字(2022)第 069329 号

责任编辑: 谢 琛
封面设计: 常雪影
责任校对: 焦丽丽
责任印制: 曹婉颖

出版发行: 清华大学出版社
网　　址: https://www.tup.com.cn, https://www.wqxuetang.com
地　　址: 北京清华大学学研大厦 A 座　　**邮　　编:** 100084
社 总 机: 010-83470000　　**邮　　购:** 010-62786544
投稿与读者服务: 010-62776969, c-service@tup.tsinghua.edu.cn
质量反馈: 010-62772015, zhiliang@tup.tsinghua.edu.cn
课件下载: https://www.tup.com.cn,010-83470236
印 装 者: 大厂回族自治县彩虹印刷有限公司
经　　销: 全国新华书店
开　　本: 185mm×260mm　　**印　　张:** 12　　**字　　数:** 295 千字
版　　次: 2022 年 7 月第 1 版　　**印　　次:** 2024 年 3 月第 8 次印刷
定　　价: 39.00 元

产品编号:078480-01

《C++ 语言程序设计(第 5 版)》学习指南

《C++ 语言程序设计(第 5 版)》是针对初学程序设计语言的读者编写的入门教材,预期的读者主要有这样几类:初学程序设计的自学读者、以此为C++ 课程教材或参考书的在校学生、以此为参考资料的C++ 程序员、C++ 课程教师。该书出版后受到广泛好评,2021 年荣获国家教材委员会评审的"全国优秀教材(一等奖)"。对有经验的程序员而言,可以不必遵循学习指导。因此,主要针对前两类读者提出一些学习建议,这里首先给出学习本套教材的总体建议,在本书的后续各章中还会有详细的导读。

1. 主教材《C++ 语言程序设计(第 5 版)》的学习方法

自学读者,在阅读教材时,应该边阅读、边实践。有条件的,应该坐在计算机前,边阅读边亲自编写每一个例题程序,如果对于某些概念、语法存有疑问,应该立即编写程序予以验证。在完全理解了主教材内容以后,再开始做实验和习题。

对于在校学习C++ 课程的学生,应按照教师讲课的进度,提前预习教材。所谓预习,并不是要完全看懂,如果都看懂了,就不必听课了。预习的目的是大致浏览一下新的内容,了解哪些是难点、重点,将疑问记下来,听课时就比较主动。上课之后要及时复习,然后再写作业。复习时要边看书边看笔记,这时一定要认真阅读书上的内容,要完全领会真懂。教师可能不会在课堂上讲解书中的每一个例题,对于教师课上讲的例题和书上的例题,课后复习时都要阅读、上机实践,达到完全理解,要能够自己独立编写例题程序,还要尝试用不同的方法解决问题。做到这些以后,再开始写作业。

对于以上建议有的读者会不以为然,但这是大多数初学者达到事半功倍的途径。清华大学的C++ 课就一直是这样要求学生的,也曾经有学生对上述要求不同意:认为要求太麻烦了,又要预习又要复习,我们有那么多课程要学,没有时间。但是后来的无数事实证明,想省时间的多半欲速则不达,甚至出现"夹生饭煮不熟"的情况,而一步一个脚印往前走的,走得最从容,总体上花的时间也最短。当然,这只是针对大多数读者的一般建议,每个人还要根据自己的情况选择合适的方法。

2. 学生用书的使用方法

每学习一章主教材内容,都应该及时通过实验和习题巩固知识、提高实践能力。学生用书中的实验,是针对主教材每一章的重点内容设计的最基本的实践任务,有详细的实验指导,很容易入手,应该首先完成。完成实验之后,可以根据自己的时间和教师的要求,选择部分或全部习题来做。

本书给出了全部习题的答案,这是为了方便没有教师指导的自学读者。但是不少读者在没有深入思考之前就急于看答案,这是有害无益的,这样做不仅不能真正提高自己的编程能力,还会扼杀自己的创造性思维能力。有些学生在临近考试时,就来诉苦:书上的例题和习题解答都能看懂,可是自己写程序就不会下手。仔细一问,这些都是平时急于看习题答案的。自学读者纷纷来信欢迎习题解答,而大多数教师都不希望学生看到习题解答。这个矛盾困扰了我们很久,始终没有找到两全的解决方案。因此,本书中给出习题解答,但同时建议学生尽量独立完成习题。

当然，有些章的习题较多，如果你没有时间全部做完，也可以将一部分习题解答作为例题来学习。

3. 关于编程能力的困惑

学完本套教材之后，许多读者都会遇到这样的困惑：C++ 语言学会了，但是面对实际问题还是不知道该如何写程序，这是为什么？每个学期末都有很多学生来问这种问题，于是每学期最后一节课，都要举这样的例子：我们都是以中文为母语的，对中文的掌握可谓精通了。但是是否有能力用中文写出某个项目的实施方案、某个企业的发展规划？恐怕大多数学生做不到，因为只掌握语言是不够的，还需要有相关的专业知识和工作经验。

编写程序的道理也是相同的，就是要用程序语言将需要解决的问题和解决问题的方案描述清楚。仅仅掌握C++ 语言是不够的，还需要学习解决各类问题的专门方法。为此很多程序语言教材(包括本套教材)都声称：不但介绍语言本身而且介绍分析问题和解决问题的方法。但是事实上，这些都只是介绍分析问题和解决问题方法的皮毛。如果只读一本薄薄的书，就什么程序都会写了，那学校里还要开设那么多基础课和专业课干什么？例如"高等数学""计算方法""数据结构""软件工程"等。学会一门高级语言只是掌握了一种描述工具，要真正具备较强的分析问题和解决问题的能力，要学的东西还很多，除了认真学习、勤奋实践以外没有捷径可走。所以初学者要给自己定一个现实的目标，本套书主教材的第 9～10 章介绍一些基本的对群体数据的管理方法和类库中相应的算法，就是为了使读者掌握一些基本的解决问题的方法，能够运用C++ 语言编写程序解决一些简单问题，并为读者今后继续学习相关课程打开一扇窗户。

前言

“计算机程序设计”是一门实践性很强的课程，因此仅通过阅读教科书或听课是不可能完全掌握的，学习程序设计最重要的环节就是实践。对于自学读者来说，更多一重困难，就是在学习和实践过程中缺乏指导。

凡是学习程序设计的人，往往都有这样的感觉：看书或听课时，对老师讲的和书上写的内容基本上能够理解，但是当需要自己编程时却又无从下手。相信每一个讲授“程序设计”课程的教师都有过这样的经历：有些问题，尽管我们在课上再三强调，反复举例，学生还是不能够完全理解，上机时更是错误百出。应该说，这是学习过程中的必然现象。

要想能够把书本上的知识变为自己所具有的能力，所需要的是实践、实践、再实践。在实践环节中，起主导作用的是学习者自己，旁人是无法代劳的，也不能期望有什么一蹴而就的捷径。但是由于学生在实践过程中不能随时随地得到指导，因此花费时间较多，总感觉程序设计课作业本负担太重，有的学生甚至因为花四五个小时调不通一个简单的程序而失去学习兴趣。像C++ 这样面向对象的程序设计语言学习起来尤其如此。

本书是在原《C++ 语言程序设计(第 4 版)学生用书》的基础上修订编写的。本书作为与《C++ 语言程序设计(第 5 版)》配套的学生用书，目的就在于为读者的学习提供一些指导，为提高读者的编程能力助一臂之力。使读者在实践的过程中少些曲折和彷徨，多些成功的乐趣。

本书首先给出一个简要的“学习指南”，其余章节与主教材《C++ 语言程序设计(第 5 版)》相对应，每章内容分为三部分：第一部分是主教材要点导读，主要是为自学读者指明学习重点，建议学习方法。第二部分是实验，每章都有一个精心设计的实验，与《C++ 语言程序设计(第 5 版)》相应章内容配合，使读者在实践中达到对主教材内容的深入理解和熟练掌握。每一个实验都包括实验目的、实验任务、实验步骤。第三部分是习题解答，给出了《C++ 语言程序设计(第 5 版)》各章习题及补充习题的参考答案。每个题目可能有多种解法，这里我们仅给出一种参考解法。大部分题目是编程题，我们在解答中给出了主要程序段的源程序清单，有时不是完整的程序，如果需要运行这些语句，只需将它们插入调试程序即可。

这些习题解答和实验内容不仅可以指导读者上机练习，也可以由教师选做例题在课上演示，使教学内容更加丰富。如果读者没有足够的时间一一做完全部习题和实验，可以将剩下的题解作为例题阅读也不失为一种好的选择。

本书中的全部程序都在 Windows 环境下 Visual C++ 中测试通过。

感谢读者选择使用本书，欢迎您对本书内容提出意见和建议。作者的电子邮件地址：zhengli@mail.tsinghua.edu.cn，来信标题请包含“C++ book”。

作　者

2022 年 1 月于清华大学

目　　录

第1章 绪　　论

主教材要点导读

本章作为全书的开篇，旨在使读者初步了解面向对象程序设计语言的由来，初步了解面向对象程序设计思想的基本特点，概要性地了解面向对象的软件开发方法，为后续章节的学习奠定基础。

为什么需要首先有一个初步和概要性的了解呢？一方面，这是为了在以后的学习中具体接触到每一个新的概念、语法时都能够清楚地认识到，它在面向对象的方法中、在C++语言中的地位和作用是什么；另一方面，是希望读者在一开始就能够认识到，面向对象的思想与人类所习惯的思维方式是一致的，虽然C++语言比面向过程的语言（如C语言）复杂很多，但是C++设计者的目的是为了使事情变得更简单，而不是故弄玄虚将事情搞得更复杂。事实上，正是由于C++语法的复杂性，使得它的表现能力更强，程序员用C++来写程序的时候能够更容易、更灵活地实现各种功能。

读者在阅读主教材1.1～1.3节时会感觉很多问题理解不透，这是正常的，因为需要学完教材的全部内容，才能对C++语言和面向对象的方法有一个全面的认识。本章一开始就给出了一个全面介绍，虽然尽量使用通俗的语言，但是肯定仍有一些问题是读者现在不能完全理解的。对此读者不必深究，对1.1～1.3节的内容阅读后有个大致的了解就行。

1.4节介绍信息的表示与存储，这是程序设计的基础知识，必须掌握，建议读者认真学习、完全掌握。不过有些读者可能会觉得这些知识在编程中并没有直接使用，不学这一节好像也不影响学习编程。但是没有这些基础知识，会影响读者对程序的理解。当然，如果觉得枯燥，也可以先略过这一节，待以后遇到疑问时，再来学习。因此，有的教师在讲课时也略过这一节，留给学生自学，我本人就是这样做的。

1.5节简单介绍程序的开发过程和一些术语，不必死记硬背，最好结合实验来体会。

本章的主要实验任务是学会使用两种C++开发工具，本书的实验用的是Visual Studio 2019开发环境（Windows）和Eclipse开发环境（UNIX/Linux）。认真完成这一实验很重要，了解开发环境的基本功能，是完成以后各章实验的基础。

实验1　C++语言开发环境应用入门（2学时）

第一部分：Visual Studio 2019开发环境应用入门

一、实验目的

（1）了解Visual Studio 2019的特点。

（2）熟悉Visual Studio 2019的开发环境。

（3）学习用Visual Studio 2019编写标准的C++控制台程序。

二、实验任务

使用 Visual Studio 2019 建立一个非图形化的标准C++ 程序，编译并运行以下程序（主教材例 2-1）：

```
#include <iostream>
using namespace std;
int main()
{
    cout<<"Hello!"<<endl;
    cout<<"Welcome to C++!"<<endl;
    return 0;
}
```

三、实验步骤

（1）启动 Visual Studio 开发环境，本书采用 2019 版本演示。

从“开始”菜单中选择“程序”| Microsoft Visual Studio 2019| Microsoft Visual Studio 2019，显示 Visual Studio 2019 开发环境主窗口。

（2）创建一个项目。

① 单击 File 菜单中的 New 选项中的 Project，显示 New Project（创建新项目）对话框（如图 1-1 所示）。

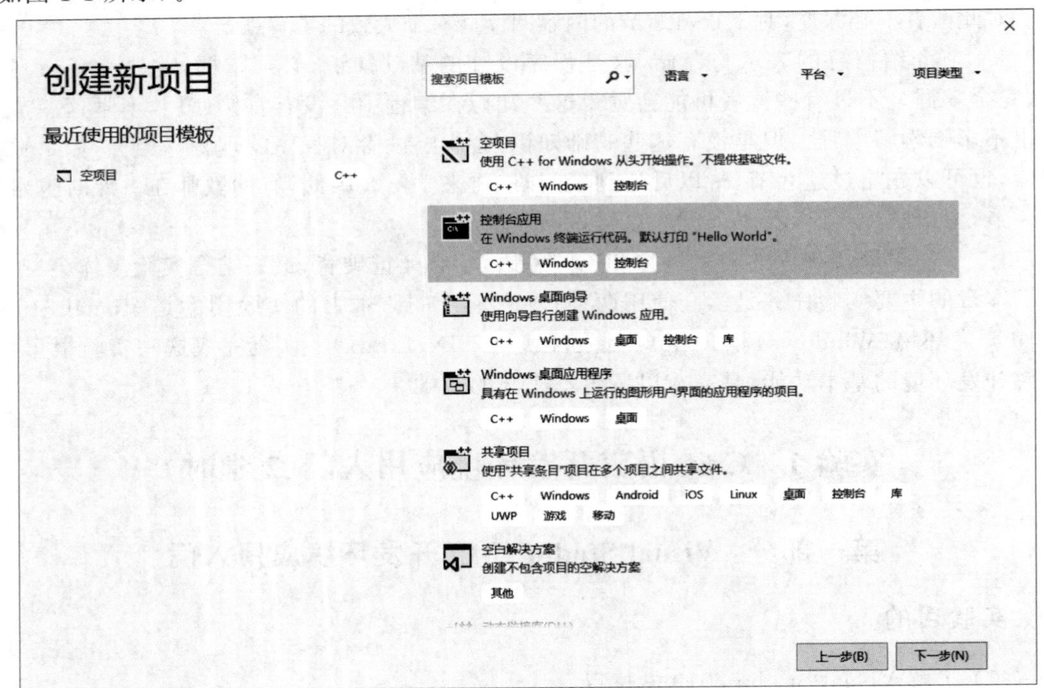

图 1-1　New Project 对话框

② 单击选择创建新项目列表中的“控制台应用”,单击“下一步”按钮。

③ 在“配置新项目”输入表单中,如图 1-2 所示。填写项目名称 lab1_1,指定一个位置路径,单击“创建”按钮,即完成了项目的建立。

图 1-2 创建控制台应用程序第一步

(3) 观察项目(解决方案)组成要素,如图 1-3 所示。

① 系统库外部依赖项文件夹,包含系统库头文件(功能接口说明);头文件目录存放本项目源文件对应的头文件(本次无)。

② 源文件文件夹存放本项目的所有源文件,系统默认生成的 Hello World 程序就存放在 lab1_1.cpp 源文件中。

(4) 编辑C++ 源程序文件内容。

① 在文件编辑窗口中替换输入主教材例 2-1 代码(如图 1-4 所示)。

② 选择菜单命令“文件(File) | 保存选定项(Save)”,保存 lab1_1.cpp 这个文件。

(5) 建立并运行可执行程序。

① 选择菜单命令“生成(Build) | 生成解决方案(Build Solution)”,建立可执行程序。

如果正确输入了源程序,此时便成功地生成了可执行程序 lab1_1.exe。如果程序有语法错误,则屏幕下方的状态窗口中会显示错误信息。根据这些错误信息对源程序进行修改后,重新选择菜单命令“生成 | 生成解决方案”,建立可执行程序。

② 选择菜单命令“调试(Debug) | 开始执行(Start Without Debugging)”,运行程序,观察屏幕的显示内容。

(6) 关闭工作空间。选择菜单命令“文件(File) | 关闭(Close)”,关闭工作空间。

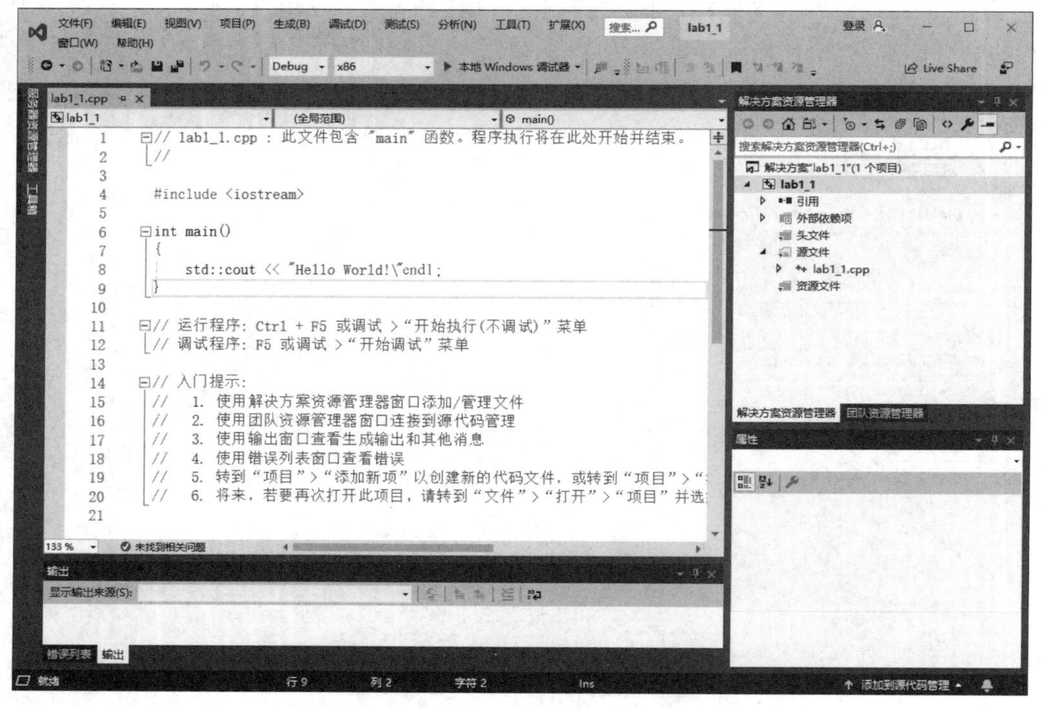

图 1-3　源程序文件默认内容

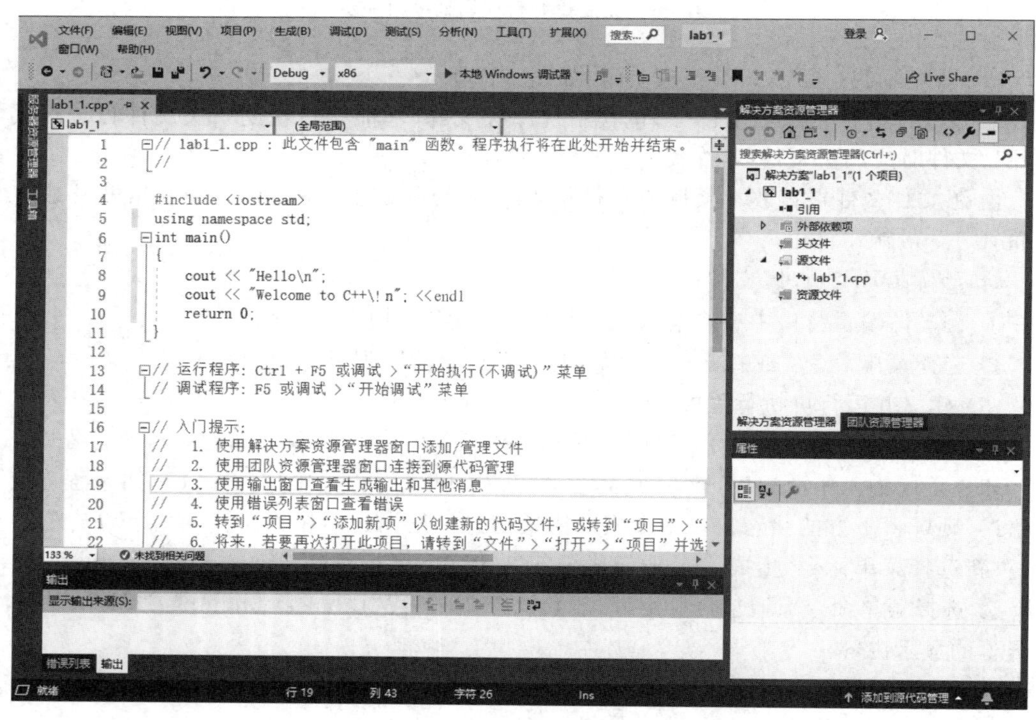

图 1-4　在文件编辑窗口中输入代码

第二部分：Eclipse 开发环境应用入门

一、实验目的

(1) 熟悉 UNIX/Linux 环境下开发 C/C++ 的方法。

(2) 了解 Eclipse 的特点。

(3) 熟悉 Eclipse 开发环境。

(4) 学习用 Eclipse 编写标准的C++ 控制台程序。

二、实验任务

(1) 安装 Eclipse SDK 和 CDT 插件。

(2) 使用 Eclipse 建立一个非图形化的标准C++ 程序，编译、运行主教材例 2-1，即以下程序：

```
#include <iostream>
using namespace std;
int main()
{
    cout<<"Hello!"<<endl;
    cout<<"Welcome to C++!"<<endl;
    return 0;
}
```

三、实验步骤

(1) 安装 Eclipse IDE for C/C++ Developers。

Eclipse 通常被人们用作开发 Java 程序的 IDE。实际上，更准确地说，Eclipse 是一个平台，它的核心(Core)是很小的，其他绝大部分功能都是通过插件的形式组织上去的，包括 Eclipse 自带的 JDT(Java Development Tools)开发环境。此外，Eclipse 是一个跨平台的开发环境，可以运行于 Windows 环境，也可以运行于 UNIX/Linux 环境。

正是由于 Eclipse 的这种插件组织以及跨平台的特性，使得 Eclipse 的应用非常广泛，可以被用来作为多种计算机语言的开发环境，如 C/C++、FORTRAN 等。

本次实验以 Linux 环境下 Eclipse 的使用为例，开发环境的版本为 Eclipse IDE for C/C++ Developers 2021-12，其中包含了 Eclipse Platform 4.22.0，Eclipse C/C++ Development Tools(CDT)10.5.0，如图 1-5 和图 1-6 所示。

下面介绍 Eclipse IDE for C/C++ Developers 的安装方法，如果读者已经安装过 Eclipse SDK 但尚未安装 CDT，可参考 Eclipse 官方网站的相关说明安装 CDT 插件，以下假设读者尚未安装任何 Eclipse 相关的软件包。

Eclipse IDE for C/C++ Developers 可以直接从官方网站上下载(https://www.eclipse.org/downloads/packages/)。Eclipse 属于绿色软件，它不需要安装，下载成功后直接把文件 eclipse-cpp-******.tar.gz 解压缩到一个合适的目录即可，如/home/installed，注意下载时需要根据机器 CPU 类型选择 x86-64 或者 AArch64 版本安装包。然后运行

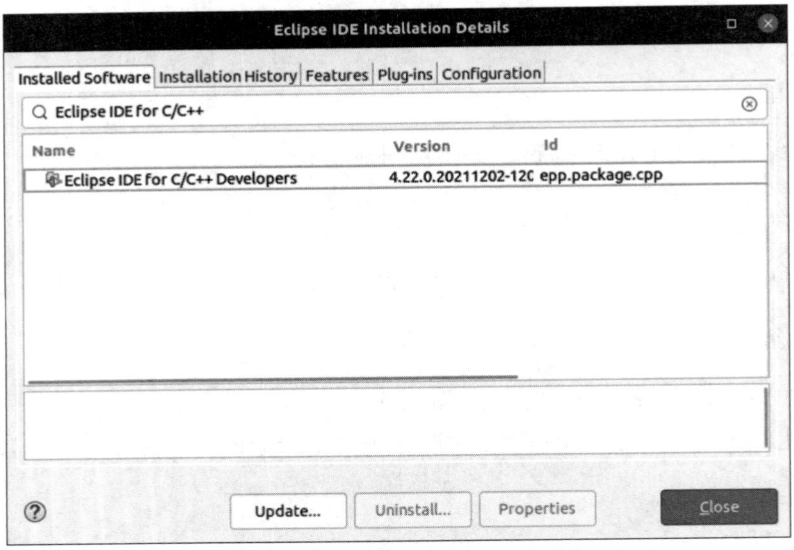

图 1-5　Eclipse IDE for C/C++ Developers 版本号

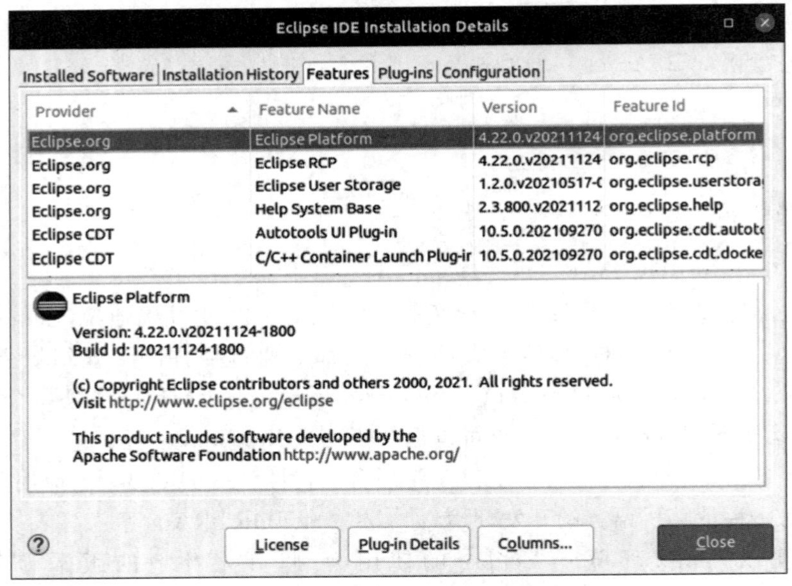

图 1-6　CDT 以及 Eclipse Platform 版本号

/home/installed/eclipse/目录下的 eclipse 二进制文件就可以了。

这时 Eclipse 会提示用户选择 Workspace，使用默认空间或者随便输入一个，如/home/eclipse-workspace。接着会看到如图 1-7 所示的欢迎界面。

(2) 创建一个C++ 项目。

① 单击 File 菜单中的 New 子菜单，选择 Project，打开如图 1-8 所示的对话框，选择 C++ Project。

② 接着输入一个项目名称，如 Hello，如图 1-9 所示。然后直接单击 Finish 按钮即可。

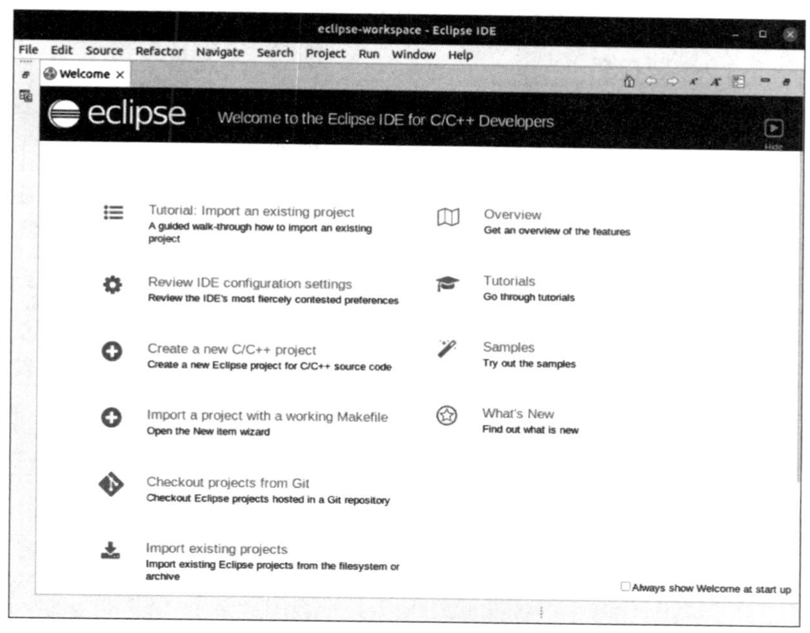

图 1-7　Eclipse 欢迎界面

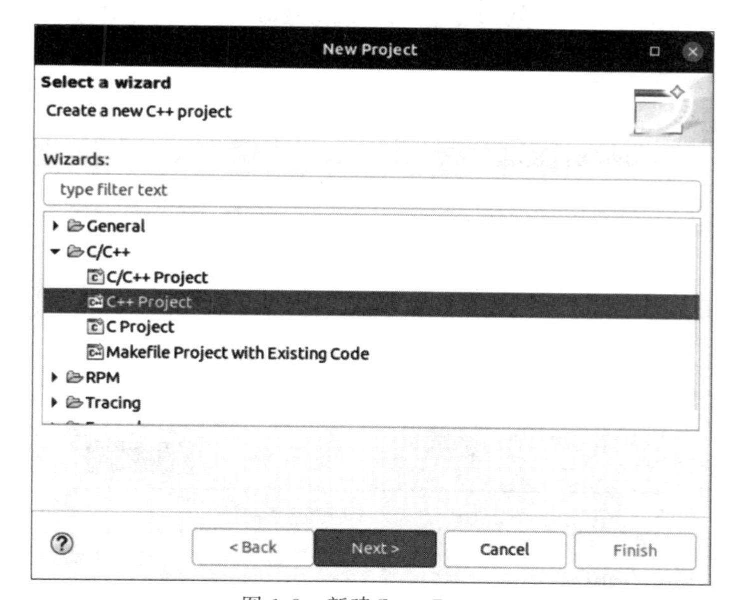

图 1-8　新建C++ Project

这时 Eclipse 会问你是否打开 C/C++ 视图(Perspective),选择“是”,并让它 Remember my decision。

(3) 建立 C++ 源程序文件。

选择菜单命令:File|New|Source File,弹出 New Source File 对话框。

在 New Source File 对话框的 Source file 一栏中填入C++ 源文件名,文件名为 main.cpp,单

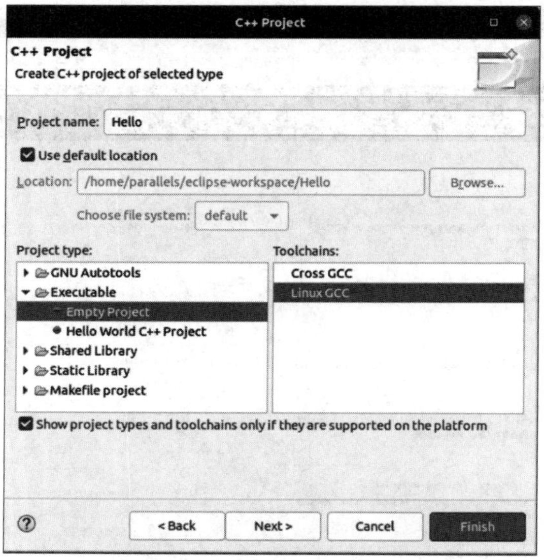

图 1-9　新建一个 Hello 项目

击 Finish 按钮，即可完成源程序文件的创建，如图 1-10 所示。

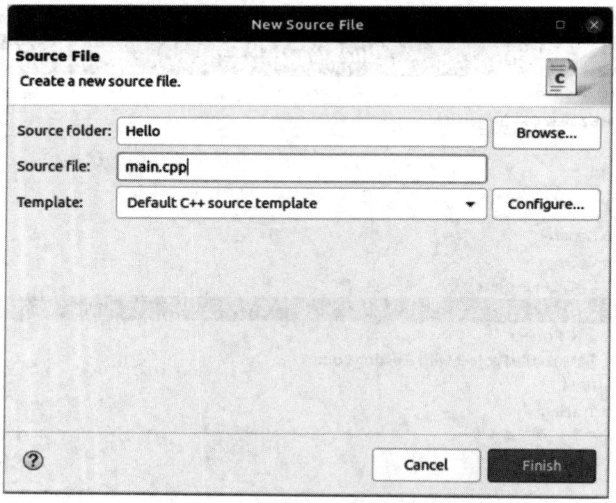

图 1-10　建立C++ 源程序文件

（4）编辑C++ 源程序文件内容。

在文件编辑窗口中输入代码，如图 1-11 所示。

（5）建立 Makefile 文件。

由于 Eclipse 编译C++ 源文件时使用了 GNU 的开发工具 make，而 make 的实现需要依赖一个叫作 Makefile 的文件，如果工程中没有 Makefile，默认情况下 Eclipse 会自动生成一个 Makefile。为了了解 make 的原理，这里我们手工编写一个 Makefile。

新建 Makefile 的步骤如下：在 C/C++ 视图的项目名处单击鼠标右键，选择 New 菜单下的 File，在弹出的 New File 对话框的 File name 输入框中输入 Makefile（如图 1-12 所示）。

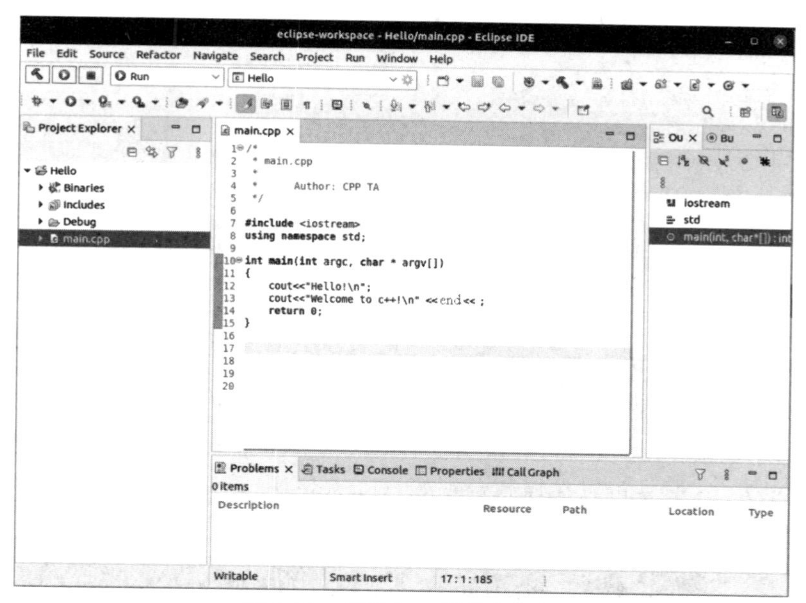

图 1-11　编辑C++源程序文件

然后在编辑区域输入 Makefile 的内容。

图 1-12　建立 Makefile 文件

本例中使用的 Makefile 文件的内容如下：

```
PROG=Hello
DEP=$(PROG).cpp
CC=g++
```

```
CFLAGS=-Wno-deprecated
all: $(PROG)
$(PROG): $(DEP)
    $(CC) $(CFLAGS) -o $@ $^
clean:
    rm -f *.o *~$(PROG)
```

保存所有改动过的文件之后，就可以创建二进制可执行程序了。单击 Project|Build All 就可以了（为方便程序的编译和修改，最好把 Project 菜单下的 Build Automatically 选项取消）。

当程序编译完毕后就可以运行了。程序的运行方法为：单击 C/C++ Projects 视图下的项目名称，在本例中就是 Hello 项目，然后再单击菜单 Run|Run As|Run Local C/C++ Application（如果该菜单不可执行，则说明没有 C/C++ Projects 视图下的项目名称，请单击后再执行该菜单）。这时就可以在控制台视图（Console）中看到标准输出的结果，如图 1-13 所示。

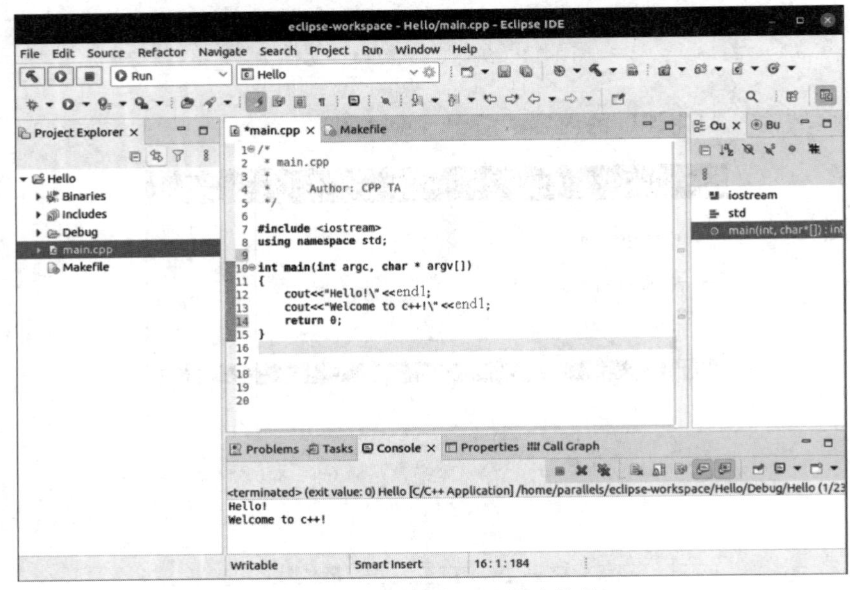

图 1-13　运行程序后的输出结果

习题解答

1-1　简述计算机程序设计语言的发展历程。

解：迄今为止计算机程序设计语言的发展经历了机器语言、汇编语言、高级语言等阶段，C++ 语言是一种面向对象的编程语言，属于高级语言。

1-2　面向对象的编程语言有哪些特点？

解：面向对象的编程语言与以往各种编程语言有根本的不同，它设计的出发点是为了能更直接地描述客观世界中存在的事物以及它们之间的关系。面向对象的编程语言将客观事物看作具有属性和行为的对象，通过抽象找出同一类对象的共同属性（静态特征）和行为（动态特征），形成类。通过类的继承与多态可以很方便地实现代码重用，大大缩短了软件开发周期，并使得软件风格统一。因此，面向对象的编程语言使程序能够比较直接地反映问题的本来面目，软件开发人员能够利用人类认识事物所采用的一般思维方法来进行软件开发。C++ 语言是目前应用最广的面向对象的编程语言之一。

1-3 什么是结构化程序设计方法？这种方法有哪些优点和缺点？

解：结构化程序设计的思路是：自顶向下、逐步求精；其程序结构按功能划分为若干个基本模块；各模块之间的关系尽可能简单，在功能上相对独立；每一模块内部均是由顺序、选择和循环三种基本结构组成；其模块化实现的具体方法是使用子程序。结构化程序设计由于采用了模块分解与功能抽象，自顶向下、分而治之的方法，从而有效地将一个较复杂的程序系统设计任务分解成许多易于控制和处理的子任务，便于开发和维护。

虽然结构化程序设计方法具有很多优点，但它仍是一种面向过程的程序设计方法，它把数据和处理数据的过程分离为相互独立的实体。当数据结构改变时，所有相关的处理过程都要进行相应的修改，每一种相对于老问题的新方法都要带来额外的开销，程序的可重用性差。

由于图形用户界面的应用，程序运行由顺序运行演变为事件驱动，使得软件使用起来越来越方便，但开发起来却越来越困难，对这种软件的功能很难用过程来描述和实现，使用面向过程的方法来开发和维护都将非常困难。

1-4 什么是对象？什么是面向对象方法？这种方法有哪些特点？

解：从一般意义上讲，对象是现实世界中一个实际存在的事物，它可以是有形的，也可以是无形的。对象是构成世界的一个独立单位，它具有自己的静态特征和动态特征。面向对象方法中的对象是系统中用来描述客观事物的一个实体，它用来构成系统的一个基本单位，由一组属性和一组行为构成。

面向对象的方法将数据及对数据的操作方法放在一起，作为一个相互依存、不可分离的整体——对象。对同类型对象抽象出其共性，形成类。类中的大多数数据，只能用本类的方法进行处理。类通过一个简单的外部接口，与外界发生关系，对象与对象之间通过消息进行通信。这样，程序模块间的关系更为简单，程序模块的独立性、数据的安全性就有了良好的保障。通过实现继承与多态性，还可以大大提高程序的可重用性，使得软件的开发和维护都更为方便。

面向对象方法所强调的基本原则就是，直接面对客观存在的事物来进行软件开发，将人们在日常生活中习惯的思维方式和表达方式应用在软件开发中，使软件开发从过分专业化的方法、规则和技巧中回到客观世界，回到人们通常的思维。

1-5 什么叫封装？

解：封装是面向对象方法的一个重要原则，就是把对象的属性和服务结合成一个独立的系统单位，并尽可能隐蔽对象的内部细节。

1-6 面向对象的软件工程包括哪些主要内容？

解：面向对象的软件工程是面向对象方法在软件工程领域的全面应用，它包括面向对象的分析（OOA）、面向对象的设计（OOD）、面向对象的编程（OOP）、面向对象的测试（OOT）和面向对象的软件维护（OOSM）等主要内容。

1-7 简述计算机内部的信息可分为几类?

解:计算机内部的信息可以分成控制信息和数据信息两大类;控制信息可分为指令和控制字两类;数据信息可分为数值信息和非数值信息两类。

1-8 什么叫二进制?使用二进制有何优点和缺点?

解:二进制是基数为 2,每位的权是以 2 为底的幂的进制,遵循逢二进一原则,基本符号为 0 和 1。采用二进制码表示信息,有如下几个优点:①易于物理实现;②二进制数运算简单;③机器可靠性高;④通用性强。其缺点是它表示数的容量较小,表示同一个数,二进制较其他进制需要更多的位数。

1-9 请将以下十进制数值转换为 32 位二进制和 8 位十六进制补码:

(1) 2　　(2) 9　　(3) 93

(4) −32　　(5) 65535　　(6) −1

解:

(1) $(2)_{10}=(10)_2=(2)_{16}$

(2) $(9)_{10}=(1001)_2=(9)_{16}$

(3) $(93)_{10}=(1011101)_2=(5D)_{16}$

(4) $(-32)_{10}=(11111111\ 11111111\ 11111111\ 11100000)_2=(FFFF\ FFE0)_{16}$

(5) $(65535)_{10}=(11111111\ 11111111)_2=(FFFF)_{16}$

(6) $(-1)_{10}=(11111111\ 11111111\ 11111111\ 11111111)_2=(FFFF\ FFFF)_{16}$

1-10 请将以下数值转换为十进制:

(1) $(1010)_2$　　(2) $(10001111)_2$　　(3) $(01011111\ 11000011)_2$

(4) $(7F)_{16}$　　(5) $(2D3E)_{16}$　　(6) $(F10E)_{16}$

解:

(1) $(1010)_2=(10)_{10}$

(2) $(10001111)_2=(143)_{10}$

(3) $(01011111\ 11000011)_2=(24515)_{10}$

(4) $(7F)_{16}=(127)_{10}$

(5) $(2D3E)_{16}=(11582)_{10}$

(6) $(F10E)_{16}=(61710)_{10}$

1-11 简要比较原码、反码、补码等几种编码方法。

解:原码:将符号位数字化为 0 或 1,数的绝对值与符号一起编码,即所谓“符号-绝对值表示”的编码。

正数的反码和补码与原码表示相同。

负数的反码与原码有如下关系:符号位相同(仍用 1 表示),其余各位取反(0 变 1,1 变 0)。负数补码由该数的反码加 1 求得。

第2章　C++语言简单程序设计

主教材要点导读

本章内容是程序设计的基础，学习的目标是掌握C++语言的基本概念和基本语句，能够编写简单的程序段。初学程序设计者遇到的第一个难点是：将解决问题的步骤用C++语言描述清楚。理解本章的简单例题不难，但是自己编写第一个程序却有点难以下手。学习编写程序可以从修改例题程序开始，也就是在原有例题程序的基础上，尝试自己增加或改变一些功能，或者用不同的方法来解决问题。如果使用 Visual C++ 开发环境编译、运行简单程序还有困难，应该首先复习一下实验1。

本章的例题都是一些比较简单的问题，但是这些简单的例题给出了一些常见问题的典型解决方法，既是做软件开发必须掌握的基本功也是各种考试中经常出现的题目，读者应该达到熟练掌握，并能够举一反三。例如，例2-3是典型的比较问题，例2-4是情况分支，例2-5是累加问题，也可以用for语句实现，要注意累加和的初始值一般是0，例2-10是简单的统计问题。

开始改编例题程序时，首先遇到的阻力就是编译时和运行时出现的错误。如果程序中存在语法错误，编译时编译器就会指出错误的位置和错误原因（请参考实验2）。不过遗憾的是，编译器给出的信息常常不是很精确，而且多数编译器给出的错误信息是英文的，这就给初学者带来一定的困难。有时候编译一个十几行的小程序，就会出现几十个语法错误，这时不必感到茫然，只要仔细查看程序，参照编译器给出的错误信息一一改正就行了（有时候改正了一个错误，另外几十个错误也就迎刃而解了）。

如果看不懂编译器给出的错误信息，可以借助于编译器的帮助功能，当然一开始还经常需要借助于英文字典。建议读者准备一个笔记本，记下遇到的每一条错误信息、中文意思、导致这一错误的真正原因、解决方法。这样做一开始似乎很麻烦，但是经过一段时间，就会感到受益匪浅。一旦熟悉了一种编译器给出的错误信息，再换用别的编译器时会发现它们对错误的描述都是类似的，你很快就可以适应。这个办法是上大学时我的老师教我的，我觉得很有效，做老师以后，我也这样告诉学生，但愿意这样做的学生很少，大家都嫌麻烦。结果呢？随着学习的深入，作业越来越难、程序越来越大，也就有越来越多的学生抱怨实验课时间不够用。究其原因，很大程度上是因为不熟悉错误信息，改正语法错误花了太多时间。

改正语法错误的能力是编程的基本功，也是相对比较简单的事情（毕竟编译器会直接指出错误）。较难以发现和改正的错误是运行时的错误。也就是说，编译时没有语法错误，但是运行的结果却不对，这往往是因为你的算法（就是解决问题的方法）设计有问题。这样的错误是比较难以定位和改正的，查找这种错误的位置和原因叫作"程序调试"，调试程序的能力和经验需要在长期的编程实践中积累，大多数编译器都提供了辅助调试的功能（debug），实验2将引导你学会使用 Visual Studio 2019 以及 Eclipse IDE for C/C++ Developers 的 debug 功能。

实验 2　C++ 简单程序设计（4 学时）

一、实验目的

（1）学会编写简单的 C++ 程序。

（2）复习基本数据类型变量和常量的应用。

（3）复习运算符与表达式的应用。

（4）复习结构化程序设计基本控制结构的运用。

（5）练习使用简单的输入输出。

（6）观察头文件的作用。

（7）学会使用 Visual Studio 2019 开发环境中的 debug 调试功能：单步执行、设置断点、观察变量值。

（8）学会使用 Eclipse IDE for C/C++ Developers 开发环境中的 debug 调试功能：单步执行、设置断点、观察变量值。

二、实验任务

（1）输入并运行例 2-7，即用 do-while 语句编程，求自然数 1～10 之和。程序正确运行之后，去掉源程序中的 #include 语句，重新编译，观察会有什么问题。

（2）将 do-while 语句用 for 语句代替，完成相同的功能。

（3）编程计算图形的面积。程序可计算圆形、长方形、正方形的面积，运行时先提示用户选择图形的类型，然后，对圆形要求用户输入半径值，对长方形要求用户输入长和宽的值，对正方形要求用户输入边长的值，计算出面积的值后将其显示出来。

（4）使用 debug 调试功能观察任务（3）程序运行中变量值的变化情况。

三、实验步骤

（1）建立一个控制台应用程序项目 lab2_1，向其中添加一个 C++ 源文件 lab2_1.cpp（方法见实验 1），输入例 2-7 的代码，检查一下确认没有输入错误，选择菜单命令“生成（Build）|生成解决方案（Build Solution）”（Eclipse 下使用 Project|Build All）编译源程序，再选择“调试（Debug）|开始执行不调试（Start Without Debugging）”（Eclipse 下使用 Run|Run As|Local C/C++ Application）运行程序，观察输出是否与书上的答案一致。

（2）程序正确运行之后，在源程序第一行“#include＜iostream＞”前面加注释标记“//”，使之成为注释行，重新编译，此时，编译器会输出类似于下面内容的提示：

Visual Studio 环境下的输出结果（不同版本编译器会稍有差异）：

```
1>------Build started: Project: lab2_1, Configuration: Debug Win32 ------
1>Compiling...
1>lab2_1.cpp
lab2_1.cpp(3): error C2871: 'std': a namespace with this name does not exist
lab2_1.cpp(11): error C2065: 'cout': undeclared identifier
lab2_1.cpp(11): error C2065: 'endl': undeclared identifier
```

```
1>lab2_1 -3 error(s), 0 warning(s)

==========Build: 0 succeeded, 1 failed, 0 up-to-date, 0 skipped ==========
```

Eclipse IDE for C/C++ Developers 环境下的输出结果：

```
****Build of configuration Debug for project Hello****
make all
Building file: ../ lab2_1.cpp
Invoking: GCC Compiler
g++-O0 -g3 -Wall -c -fmessage-length=0 -MMD -MP -MF"main.d" -MT"main.d" -o"
main.o" "../ lab2_1.cpp"
../ lab2_1.cpp: In function 'int main()':
../ lab2_1.cpp: 11: error:    'cout' was not declared in this scope
../ lab2_1.cpp: 11: error:    'endl' was not declared in this scope
make: *** [main.o] Error 1
```

这是因为C++语言本身没有输入输出语句，只是C++编译系统带有一个面向对象的I/O软件包，即 I/O 流类库。cout 和 cin 都是这个类库预定义的流对象，# include <iostream.h>指示编译器在对程序进行预处理时，将头文件 iostream.h 中的代码嵌入该程序中该指令所在的地方。文件 iostream.h 中声明了程序所需要的输入和输出操作的有关信息，在C++程序中如果使用了系统中提供的一些功能，就必须嵌入相关的头文件，否则，系统无法找到实现这些功能的代码。

现在，删除注释标记，将程序恢复正确。

(3) 另建立一个项目 lab2_2，包含一个 C++ 源程序 lab2_2.cpp，将 do-while 语句用 for 语句代替，完成与实验任务(1)相同的功能。

(4) 建立项目 lab2_3，计算图形的面积。圆形的面积计算公式为 S=PI * r * r，长方形的面积计算公式为 S=a * b，正方形的面积计算公式为 S=a * a；程序中声明一个整型变量 iType 表示图形的类型，用 cout 语句输出提示信息让用户选择图形的类型，用 cin 读入 iType 的值，然后使用 switch 语句判断图形的类型，分别提示用户输入需要的参数值，计算出面积的值后用 cout 语句显示出来；最后，编译运行程序。

(5) 学习简单的 debug 调试功能，参考程序如下：

```
//lab2_3.cpp
#include <iostream>
using namespace std;

const float PI=3.1416;

int main()
{
    int iType;
    float radius, a, b, area;
```

```
        cout<<"图形的类型为?(1-圆形 2-长方形 3-正方形): ";
        cin>>iType;
        switch(iType)
        {
        case 1:
            cout<<"圆的半径为: ";
            cin>>radius;
            area=PI*radius*radius;
            cout<<"面积为: "<<area<<endl;
            break;
        case 2:
            cout<<"矩形的长为: ";
            cin>>a;
            cout<<"矩形的宽为: ";
            cin>>b;
            area=a*b;
            cout<<"面积为: "<<area<<endl;
            break;
        case 3:
            cout<<"正方形的边长为: ";
            cin>>a;
            area=a*a;
            cout<<"面积为: "<<area<<endl;
            break;
        default:
            cout<<"不是合法的输入值!"<<endl;
        }
    }
```

一个程序,特别是大型程序,编写完成后往往会存在这样或那样的错误。有些错误在编译、连接阶段可以由编译系统发现并指出(如步骤(2)所示),称为语法错误。当修改完语法错误生成了可执行程序后,并不意味着程序已经正确。我们常常会发现程序运行的结果与我们预期的结果相去甚远,有时甚至在运行过程中程序中止或发生死机,这种错误称为运行错误,是因为算法设计不当或编程实现时的疏忽造成的。所谓调试就是指在发现了程序存在运行错误以后,寻找错误的原因和位置并排除错误。这一工作是非常困难的,对于初学者而言尤其如此。

虽然编译系统不能像对待语法错误那样,明确指出运行错误的原因和位置,但大多数开发环境都为我们提供了辅助调试工具,可以实现单步运行、设置断点、观察变量和表达式的值等功能,使我们可以跟踪程序的执行流程、观察不同时刻变量值的变化状况。

① Visual Studio 开发环境下的调试方法。

a. 首先在第12行处设置调试断点。用鼠标单击源程序第12行左边的空白处可以看到该处出现了一个红色的圆点,这代表该行断点已设置,如图2-1所示。

所谓断点就是程序运行时的暂停点,程序运行到断点处便暂停,这样我们就可以观察程

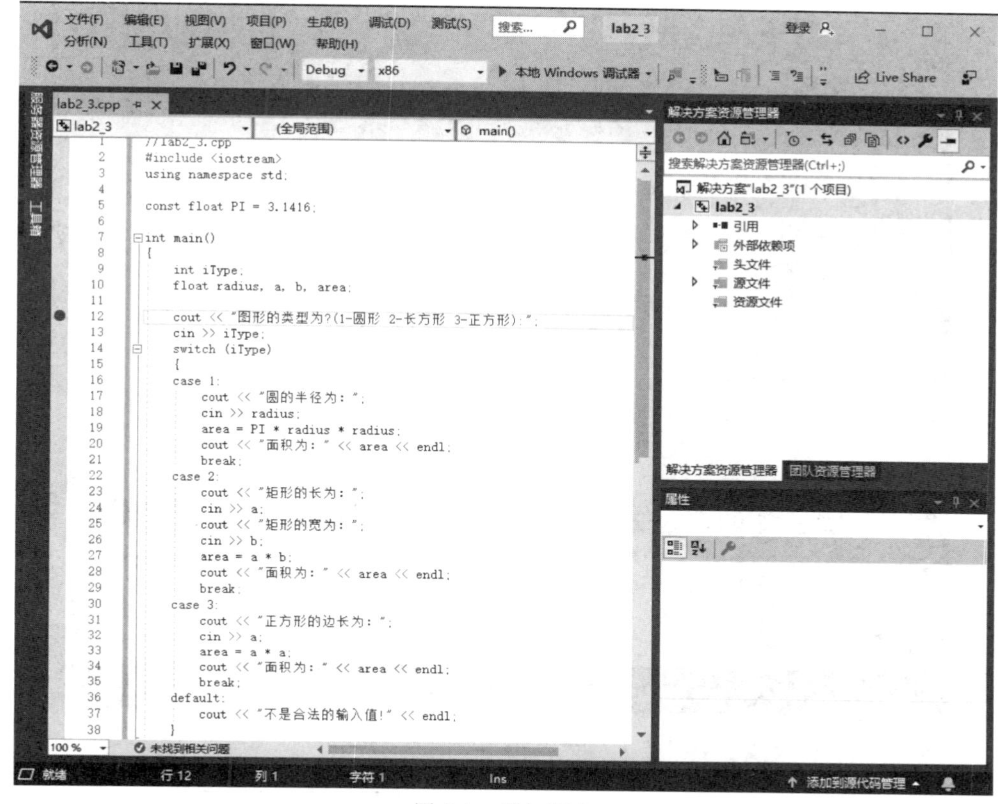

图 2-1 添加断点

序的执行流程，以及执行到断点处时有关变量的值。

b. 然后选择菜单命令“调试(Debug)|开始调试(Start Debuging)”，或按下快捷键 F5，系统进入调试(Debug)状态，程序开始运行，一个命令行窗口出现，此时，Visual Studio 的外观如图 2-2 所示，程序暂停在断点处。

c. 单步执行：从调试(Debug)菜单或调试(Debug)工具栏中单击“逐过程(Step Over)”两次(或者连续按两次 F10 键)。在程序运行的命令行窗口中输入选择的图形类型，例如，输入 3，代表正方形，这时，回到 Visual Studio 中，把鼠标放在变量名 iType 上片刻，可看到出现了一个提示：iType=3；此时，在局部变量(Variables)窗口中也可看到 iType 以及其他变量的值。

单步执行时每次执行一行语句，便于跟踪程序的执行流程。因此为了调试方便，需要单步执行的语句不要与其他语句写在一行中。

d. 在“监视(Watch 1)”窗口中的“名称(Name)”栏中输入 iType，按 Enter 键，可看到“值(Value)”栏中出现 3，这是变量 iType 现在的值(如果没看到监视 1 窗口，可通过调试菜单的“窗口(Windows)”|“监视(Watch)”|“监视 1(Watch 1)”(共有 4 个监视可选))。图 2-3 是此时局部变量窗口和监视窗口的状态。

e. 继续执行程序，参照上述的方法，再试试调试菜单栏中别的菜单项，熟悉调试的各种方法。

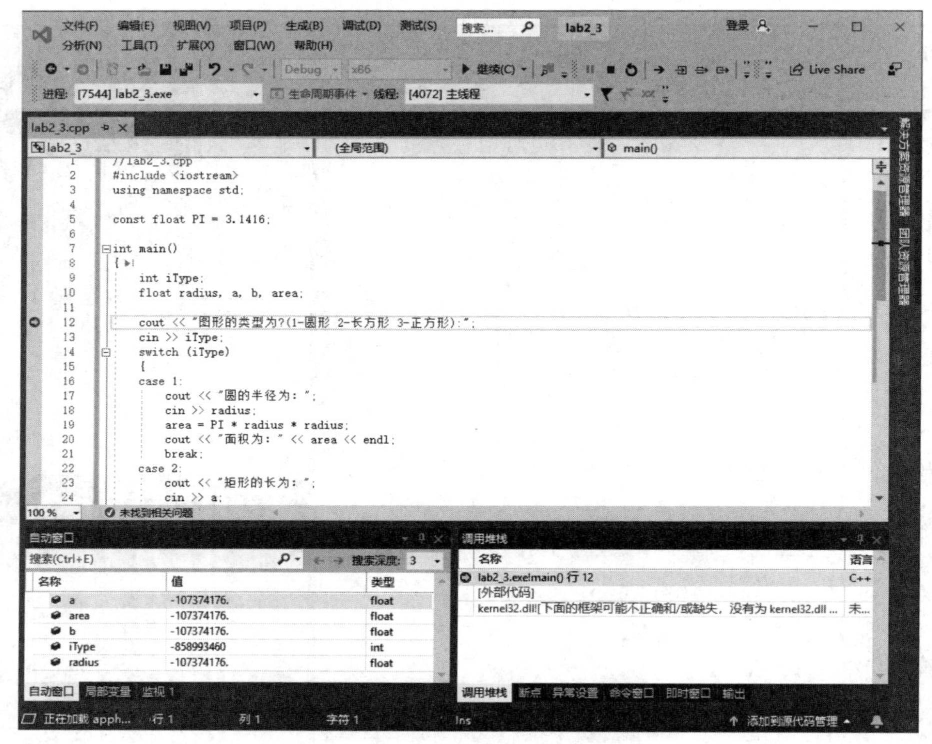

图 2-2 调试状态下的 Visual Studio

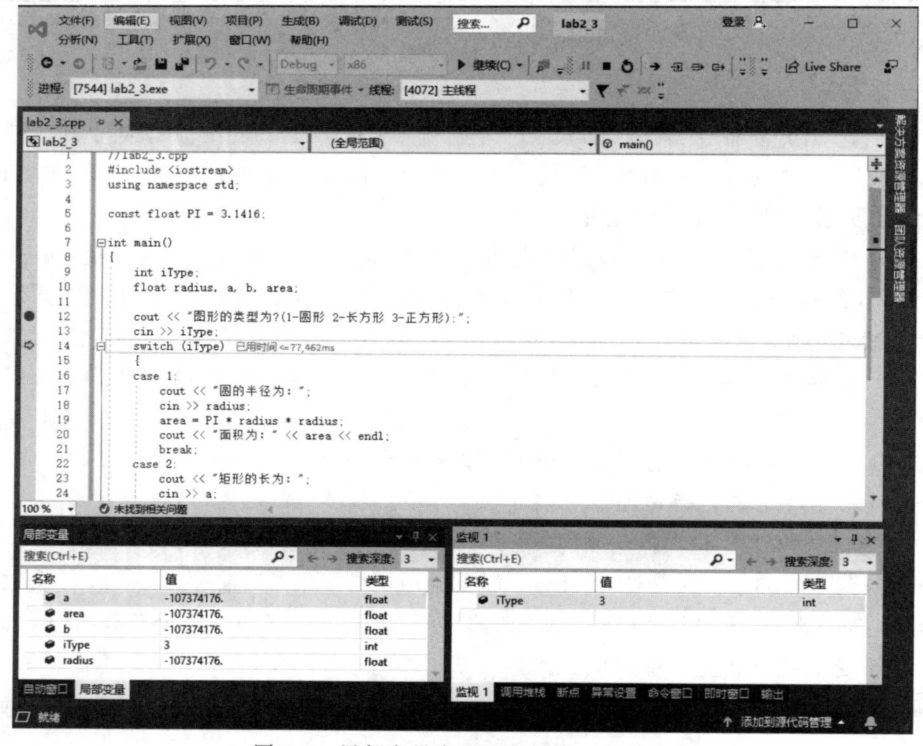

图 2-3 局部变量窗口和监视窗口的状态

② Eclipse IDE for C/C++ Developers 开发环境下的调试方法。

a. 首先在第 12 行处设置调试断点。将光标放到 12 行，并单击菜单栏中的 Run|Toggle Breakpoint(或者直接按下组合键 Shift+Ctrl+B)，可看到左边的边框上出现了一个蓝色的圆点，这代表已经在这里设置了一个断点，如图 2-4 所示。

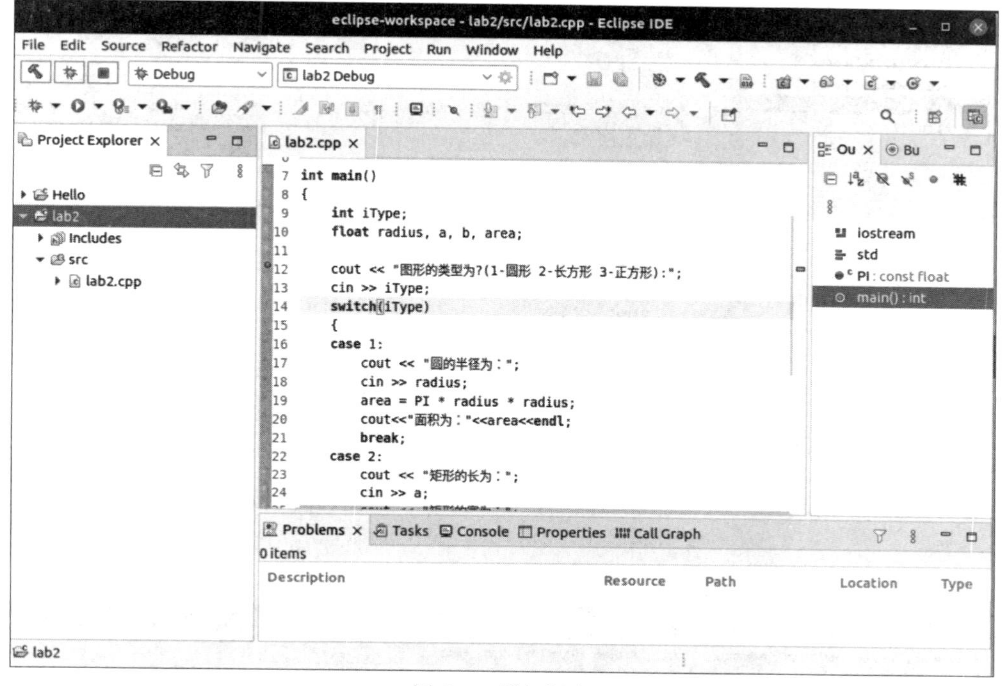

图 2-4 添加断点

所谓断点就是程序运行时的暂停点，程序运行到断点处便暂停，这样我们就可以观察程序的执行流程，以及执行到断点处时有关变量的值。

b. 然后选择菜单命令 Run|Debug As|Local C/C++ Application，或按下快捷键 F11，系统进入 Debug(调试)状态，程序开始运行，外观如图 2-5 所示，程序暂停在断点处。

c. 单步执行：从 Run 菜单中单击 Step Over 两次(或者连续按两次 F6 键)。在下方的 Console 窗口中输入选择的图形类型，例如，输入 3，代表正方形，这时，回到代码中，在 Variables 窗口中也可看到 iType 以及其他变量的值。

单步执行时每次执行一行语句，便于跟踪程序的执行流程。因此为了调试方便，需要单步执行的语句不要与其他语句写在一行中。

d. 在 Expressions 窗口中，在 Expression 栏中输入 iType，按 Enter 键，可看到 Value 栏中出现 3，这是变量 iType 现在的值(如果没看到 Variables 窗口或 Expressions 窗口，可在菜单的 Windows|Show View 中找到它们并单击打开)。图 2-6 是此时窗口的状态。

e. 继续执行程序，参照上述的方法，再试试 Debug 菜单栏中别的菜单项，熟悉 Debug 的各种方法。

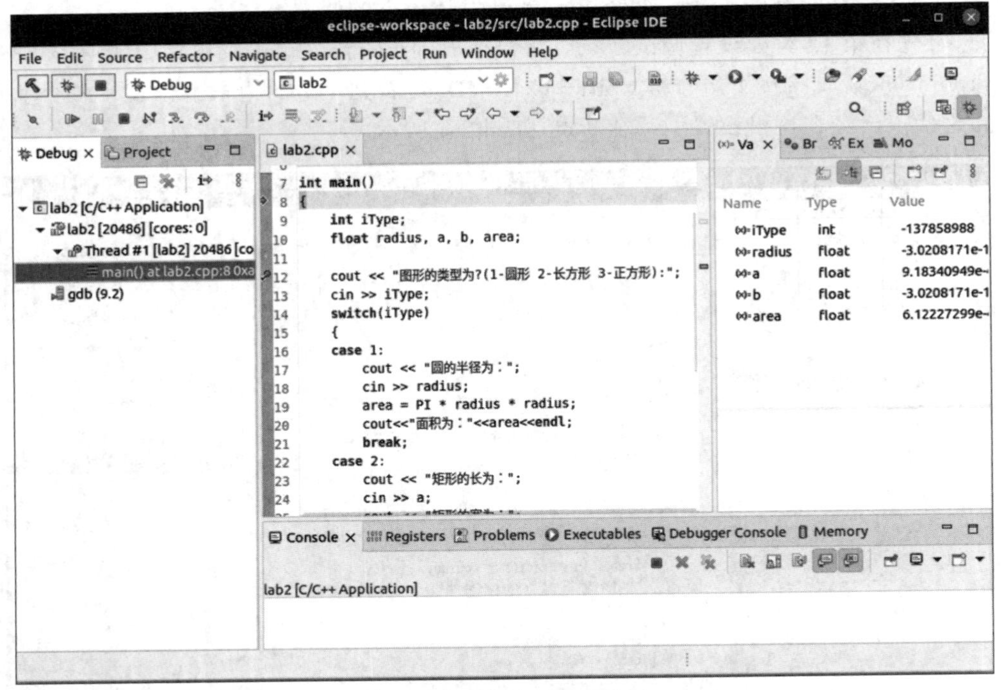

图 2-5　调试状态下的 Eclipse

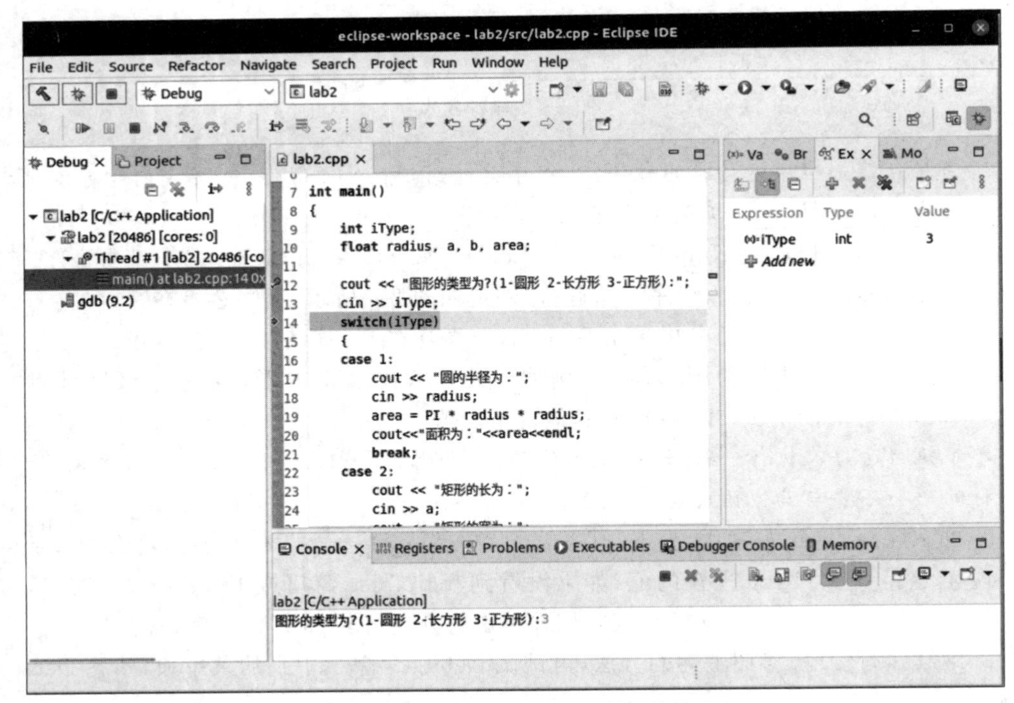

图 2-6　Variables 和 Watch 窗口的状态

习题解答

2-1 C++ 语言有哪些主要特点和优点？

解：C++ 语言的主要特点表现在两个方面：一是全面兼容 C；二是支持面向对象的方法。C++ 是一个更好的 C，它保持了 C 的简洁、高效、接近汇编语言、具有良好的可读性和可移植性等特点，对 C 的类型系统进行了改革和扩充，因此C++ 比 C 更安全，C++ 的编译系统能检查出更多的类型错误。C++ 语言最重要的特点是支持面向对象。

2-2 下列标识符哪些是合法的？

Program，－page，_lock，test2，3in1，@mail，A_B_C_D

解：Program，_lock，test2，A_B_C_D 是合法的标识符，其他的不是。

2-3 例 2-1 中每条语句的作用是什么？

```
#include <iostream>
using namespace std;
int main()
{
    cout<<"Hello!"<<endl;
    cout<<"Welcome to c++!"<<endl;
    return 0;
}
```

```
#include <iostream>                     //指示编译器将文件 iostream 中的代码
                                        //嵌入到该程序中该指令所在的地方
using namespace std;                    //使用标准(std)名字空间
int main()                              //主函数名
{                                       //函数体标志
    cout<<"Hello!"<<endl;               //输出字符串 Hello!到标准输出设备(显示器)上
    cout<<"Welcome to C++!"<<endl;      //输出字符串 Welcome to C++!
return 0;                               //主程序结束,返回 0
}
```

在屏幕输出如下：

```
Hello!
Welcome to C++!
```

2-4 请写出C++ 语句声明一个常量 PI，值为 3.1416；再声明一个浮点型变量 a，把 PI 的值赋给 a。

解：

```
const float PI=3.1416;
float a=PI;
```

2-5 注释有什么作用？C++ 语言中有哪几种注释的方法？它们之间有什么区别？

解：注释在程序中的作用是对程序进行注解和说明，以便于阅读。编译系统在对源程序进行编译时不理会注释部分，因此注释对于程序的功能实现不起任何作用，而且由于编译时忽略注释部分，所以注释内容不会增加最终产生的可执行程序的大小。适当地使用注释，能够提高程序的可读性。在C++中，有两种给出注释的方法：一种是沿用C语言的方法，使用"/ *"和"* /"括起注释文字；另一种方法是使用"//"，从"//"开始，直到它所在行的行尾，所有字符都被作为注释处理。

2-6 什么叫表达式？x＝5＋7是一个表达式吗？它的值是多少？

解：任何一个用于计算值的公式都可称为表达式。x＝5＋7是一个表达式，它的值为12。

2-7 下列表达式的值是多少？

① 201/4

② 201%4

③ 201/4.0

解：

① 50

② 1

③ 50.25

2-8 执行完下列语句后，a、b、c三个变量的值为多少？

a＝30；

b＝a＋＋；

c＝＋＋a；

解：a：32；　b：30；　c：32。

2-9 在一个for循环中，可以给多个变量赋初值吗？如何实现？

解：在for循环设置条件的第一个"；"前，用"，"分隔不同的赋值表达式。

例如：

```
for (x=0, y=10; x<100; x++, y++)
```

2-10 执行完下列语句后，n的值为多少？

```
int n;
for (n=0; n<100; n++);
```

解：n的值为100。

2-11 写一条for语句，计数条件为n从100到200，步长为2；然后用while和do-while语句完成同样的循环。

解：for循环：

```
for (int n=100; n<=200; n+=2);
```

while循环：

```
int n=100;
while (n<=200)
```

```
    n+=2;
```

do-while 循环：

```
int n=100;
do
{
    n+=2;
} while(n<=200);
```

2-12　if(x=3)和 if(x==3)这两条语句的差别是什么？

解：语句 if(x=3)把 3 赋给 x，赋值表达式的值为 true，作为 if 语句的条件；语句 if(x==3)首先判断 x 的值是否为 3，若相等条件表达式的值为 true，否则为 false。

2-13　已知 x，y 两个变量，写一条简单的 if 语句，把较小的值赋给原本值较大的变量。

解：

```
if (x>y)
    x=y;
else                                   //y>x||y==x
    y=x;
```

2-14　修改下面这个程序中的错误，改正后它的运行结果是什么？

```
#include <iostream>
using namespace std;
int main()
        int i
        int j;
        i=10;                   //给 i 赋值
        j=20;                   //给 j 赋值
    cout<<"i +j =<<i +j;        //输出结果
        return 0;
}
```

解：改正：

```
#include <iostream>
    using namespace std;
int main()
{
    int i;
    int j;
    i=10;                       //给 i 赋值
    j=20;                       //给 j 赋值
    cout<<"i +j="<<i +j;        //输出结果
    return 0;
}
```

程序运行输出：

```
i+j=30
```

2-15 编写一个程序,运行时提示输入一个数字,再把这个数字显示出来。

解：源程序：

```
#include <iostream>
using namespace std ;
int main()
{
    int i;
    cout<<"请输入一个数字: ";
    cin>>i;
    cout<<"您输入的数字是"<<i<<endl;
    return 0;
}
```

程序运行输出：

```
请输入一个数字: 5
您输入的数字是 5
```

2-16 C++有哪几种数据类型？简述其值域。编程显示你使用的计算机中的各种数据类型的字节数。

解：源程序：

```
#include <iostream>
using namespace std ;
int main()
{
    cout<<"The size of an int is: \t\t"    <<sizeof(int)     <<" bytes.\n";
    cout<<"The size of a short int is: \t"<<sizeof(short)   <<" bytes.\n";
    cout<<"The size of a long int is: \t" <<sizeof(long)    <<" bytes.\n";
    cout<<"The size of a char is: \t\t"    <<sizeof(char)    <<" bytes.\n";
    cout<<"The size of a float is: \t\t"   <<sizeof(float)   <<" bytes.\n";
    cout<<"The size of a double is: \t"    <<sizeof(double)  <<" bytes.\n";
    return 0;
}
```

程序运行输出：

```
The size of an int is:        4 bytes.
The size of a short int is:   2 bytes.
The size of a long int is:    4 bytes.
The size of a char is:        1 bytes.
The size of a float is:       4 bytes.
The size of a double is:      8 bytes.
```

2-17 打印 ASCII 码为 32～127 的字符。

解：

```
#include <iostream>
using namespace std ;
int main()
{
    for (int i=32; i<128; i++)
    cout<<(char) i;
    return 0;
}
```

程序运行输出：

```
!"# $% G ' ( ) * +,./0123456789: ; < >? @ ABCDEFGHIJKLMNOP _ QRSTUVWXYZ [ \ ] ^
'abcdefghijklmnop
qrstuvwxyz<|>~s
```

2-18 运行下面的程序，观察其输出与你的设想是否相同。

```
#include <iostream>
using namespace std;
int main(){
    unsigned int x;
    unsigned int y=100;
    unsigned int z=50;
    x=y -z;
    cout<<"Difference is: "<<x<<endl;
    x=z -y;
    cout<<"\nNow difference is: "<<x <<endl;
    return 0;
}
```

程序运行输出：

```
Difference is: 50
Now difference is: 4294967246
```

注意，第二行的输出并非－50，注意 x、y、z 的数据类型。

2-19 运行下面的程序，观察其输出，体会 i＋＋与＋＋i 的差别。

```
#include <iostream>
using namespace std;
int main()
{
    int myAge=39;                  //initialize two integers
    int yourAge=39;
```

```
    cout<<"I am: "<<myAge<<" years old.\n";
    cout<<"You are: "<<yourAge<<" years old\n";
    myAge++;
    ++yourAge;
    cout<<"One year passes..."<<endl;
    cout<<"I am: "<<myAge<<" years old."<<endl;
    cout<<"You are: "<<yourAge<<" years old"<<endl;
    cout<<"Another year passes."<<endl;
    cout<<"I am: "<<myAge++<<" years old."<<endl;
    cout<<"You are: "<<++yourAge<<" years old"<<endl;
    cout<<"Let's print it again."<<endl;
    cout<<"I am: "<<myAge<<" years old."<<endl;
    cout<<"You are: "<<yourAge<<" years old"<<endl;
}
```

解：程序运行输出：

```
I am: 39 years old.
You are: 39 years old
One year passes...
I am: 40 years old.
You are: 40 years old
Another year passes.
I am: 40 years old.
You are: 41 years old
Let's print it again.
I am: 41 years old.
You are: 41 years old
```

2-20 什么叫常量？什么叫变量？

解：所谓常量是指在程序运行的整个过程中其值始终不可改变的量，除了用文字表示常量外，也可以为常量命名，这就是符号常量；在程序的执行过程中其值可以变化的量称为变量，变量是需要用名字来标识的。

2-21 写出下列表达式的值：

① 2<3 && 6<9

② !(4<7)

③ !(3>5)||(6<2)

解：

① true

② false

③ true

2-22 若a=1，b=2，c=3，下列各式的结果是什么？

① a|b-c

② a^b&-c

③ a&b|c

④ a|b&c

解：

① −1

② 1

③ 3

④ 3

2-23 若 a=1，下列各式的结果是什么？

① !a|a

② ~a|a

③ a^a

④ a>>2

解：

① 1

② −1

③ 0

④ 0

2-24 编写一个完整的程序，实现功能：向用户提问“现在正在下雨吗？”，提示用户输入 Y 或 N。若输入为 Y，显示“现在正在下雨。”；若输入为 N，显示“现在没有下雨。”；否则继续提问“现在正在下雨吗？”。

解：源程序：

```
#include <iostream>
#include <cstdlib>
using namespace std ;

int main()
{
    char flag;
    while(1)
    {
        cout<<"现在正在下雨吗？(Y or N): ";
        cin>>flag;
        if ( toupper(flag)=='Y')
        {
            cout<<    "现在正在下雨。";
            break;
        }
        if ( toupper(flag)=='N')
        {
            cout<<    "现在没有下雨。";
            break;
```

```
        }
        cout<<endl;
    }
  return 0;
}
```

程序运行输出：

```
现在正在下雨吗？(Y or N)：x
现在正在下雨吗？(Y or N)：l
现在正在下雨吗？(Y or N)：q
现在正在下雨吗？(Y or N)：n
现在没有下雨。
或：
现在正在下雨吗？(Y or N)：y
现在正在下雨。
```

2-25 编写一个完整的程序，运行时向用户提问"你考试考了多少分？(0～100)"，接收输入后判断其等级显示出来。规则如下：

$$等级=\begin{cases}优 & 90\leqslant 分数\leqslant 100\\ 良 & 80\leqslant 分数<90\\ 中 & 60\leqslant 分数<80\\ 差 & 0\leqslant 分数<60\end{cases}$$

解：

```
#include <iostream>
using namespace std;

int main()
{
    int i,score;

    cout<<"你考试考了多少分？(0~100)：";
    cin>>score;
    if (score>100 || score<0)
        cout<<"分数值必须在 0 到 100 之间！";
    else
    {

        i=score/10;
        switch (i)
        {
        case 10:
        case 9:
            cout<<"你的成绩为优！";
```

```
            break;
        case 8:
            cout<<"你的成绩为良!";
            break;
        case 7:
        case 6:
            cout<<"你的成绩为中!";
            break;
        default:
            cout<<"你的成绩为差!";
        }
    }
    return 0;
}
```

程序运行输出:

```
你考试考了多少分?(0~100): 85
你的成绩为良!
```

2-26 实现一个简单的菜单程序,运行时显示"Menu: A(dd) D(elete) S(ort) Q(uit), Select one:"提示用户输入,A表示增加,D表示删除,S表示排序,Q表示退出,输入为A、D、S时分别提示"数据已经增加、删除、排序。"输入为Q时程序结束。

(1) 要求使用if-else语句进行判断,用break,continue控制程序流程。

(2) 要求使用switch语句。

解:

(1)

```
#include <iostream>
#include <cstdlib>
using namespace std;

int main()
{
    char choice,c;
    while(1)
    {
        cout<<"Menu: A(dd) D(elete) S(ort) Q(uit), Select one: ";
        cin>>c;
        choice=toupper(c);
        if (choice=='A')
        {
            cout<<"数据已经增加."<<endl;
            continue;
        }
```

```
        else if (choice=='D')
        {
            cout<<"数据已经删除."<<endl;
            continue;
        }
        else if (choice=='S')
        {
            cout<<"数据已经排序."<<endl;
            continue;
        }
        else if (choice=='Q')
            break;
    }
    return 0;
}
```

程序运行输出：

```
Menu: A(dd) D(elete) S(ort) Q(uit), Select one: a
数据已经增加.
Menu: A(dd) D(elete) S(ort) Q(uit), Select one: d
数据已经删除.
Menu: A(dd) D(elete) S(ort) Q(uit), Select one: s
数据已经排序.
Menu: A(dd) D(elete) S(ort) Q(uit), Select one: q
```

(2) 源程序：

```
#include <iostream>
#include <cstdlib>
using namespace std;

int main()
{
    char choice;
    while(1)
    {
        cout<<"Menu: A(dd) D(elete) S(ort) Q(uit), Select one: ";
        cin>>choice;
        switch(toupper(choice))
        {
        case 'A':
            cout<<"数据已经增加."<<endl;
            break;
        case 'D':
            cout<<"数据已经删除."<<endl;
```

```
            break;
        case 'S':
            cout<<"数据已经排序. "<<endl;
            break;
        case 'Q':
            exit(0);
            break;
        default:
            ;
        }
    }
    return 0;
}
```

程序运行输出：

```
Menu: A(dd) D(elete) S(ort) Q(uit), Select one: a
数据已经增加.
Menu: A(dd) D(elete) S(ort) Q(uit), Select one: d
数据已经删除.
Menu: A(dd) D(elete) S(ort) Q(uit), Select one: s
数据已经排序.
Menu: A(dd) D(elete) S(ort) Q(uit), Select one: q
```

2-27 用穷举法找出 1～100 的质数，显示出来。分别使用 while、do-while、for 循环语句实现。

解：源程序如下。

使用 while 循环语句：

```
#include <iostream>
#include <cmath>
using namespace std;

int main()
{
    int i,j,k,flag;
    i=2;
    while(i<=100)
    {
        flag=1;
        k=sqrt(i);
        j=2;
        while (j<=k)
        {
            if(i%j==0)
            {
```

```
                flag=0;
                break;
            }
            j++;
        }
        if (flag)
            cout<<i<<"是质数."<<endl;
        i++;
    }
    return 0;
}
```

使用 do-while 循环语句：

```
#include <iostream >
#include <cmath >
using namespace std ;

int main()
{
    int i,j,k,flag;
    i=2;
    do{
        flag=1;
        k=sqrt(i);
        j=2;
        do{
            if(i%j==0)
            {
                flag=0;
                break;
            }
            j++;
        }while (j<=k);
        if (flag)
            cout<<i<<"是质数."<<endl;
        i++;
    }while(i<=100);
    return 0;
}
```

使用 for 循环语句：

```
#include <iostream >
#include <cmath>
using namespace std ;
```

```
int main()
{
    int i,j,k,flag;
    for(i=2; i<=100; i++)
    {
        flag=1;
        k=sqrt(i);
        for (j=2; j<=k; j++)
        {
            if(i%j==0)
            {
                flag=0;
                break;
            }
        }
        if (flag)
            cout<<i<<"是质数."<<endl;
    }
    return 0;
}
```

程序运行输出：

```
2是质数.
3是质数.
5是质数.
7是质数.
11是质数.
13是质数.
17是质数.
19是质数.
23是质数.
29是质数.
31是质数.
37是质数.
41是质数.
43是质数.
47是质数.
53是质数.
59是质数.
61是质数.
67是质数.
71是质数.
```

```
73是质数.
79是质数.
83是质数.
89是质数.
97是质数.
```

2-28 比较 break 语句与 continue 语句的不同用法。

解：break 使程序从循环体和 switch 语句内跳出，继续执行逻辑上的下一条语句，不能用在别处。

continue 语句结束本次循环，接着开始判断决定是否继续执行下一次循环。

2-29 在程序中定义一个整型变量，赋以 1～100 的值，要求用户猜这个数，比较两个数的大小，把结果提示给用户，直到猜对为止。分别使用 while、do-while 语句实现循环。

解：

```
//使用 while 语句
#include <iostream>
using namespace std;

int main() {
    int n=18;
    int m=0;
    while(m !=n)
    {
        cout<<"请猜这个数的值为多少?(0~100):";
        cin>>m;
        if (n >m)
            cout<<"你猜的值太小了!"<<endl;
        else if (n<m)
            cout<<"你猜的值太大了!"<<endl;
        else
            cout<<"你猜对了!"<<endl;
    }
    return 0;
}
//使用 do-while 语句
#include <iostream>
using namespace std;

int main() {
    int n=18;
    int m=0;
    do{
        cout<<"请猜这个数的值为多少?(0~100):";
        cin>>m;
```

```
        if (n >m)
            cout<<"你猜的值太小了!"<<endl;
        else if (n<m)
            cout<<"你猜的值太大了!"<<endl;
        else
            cout<<"你猜对了!"<<endl;
    }while(n!=m);
    return 0;
}
```

程序运行输出:

```
请猜这个数的值为多少?(0~100): 50
你猜的值太大了!
请猜这个数的值为多少?(0~100): 25
你猜的值太大了!
请猜这个数的值为多少?(0~100): 10
你猜的值太小了!
请猜这个数的值为多少?(0~100): 15
你猜的值太小了!
请猜这个数的值为多少?(0~100): 18
你猜对了!
```

2-30 输出九九乘法算表。

解:

```
#include <iostream>
#include <iomanip>
using namespace std;

int main() {
    int i, j;
    cout<<' ';
    for (i=1; i<10; i++)
        cout<<setw(4)<<i;
    cout<<endl;
    for (i=1; i<10; i++) {
        cout<<i;
        for (j=1; j<10; j++)
            cout<<setw(4)<<(i * j);
        cout<<endl;
    }
    return 0;
}
```

程序运行结果:

```
    1    2    3    4    5    6    7    8    9
1   1    2    3    4    5    6    7    8    9
2   2    4    6    8   10   12   14   16   18
3   3    6    9   12   15   18   21   24   27
4   4    8   12   16   20   24   28   32   36
5   5   10   15   20   25   30   35   40   45
6   6   12   18   24   30   36   42   48   54
7   7   14   21   28   35   42   49   56   63
8   8   16   24   32   40   48   56   64   72
9   9   18   27   36   45   54   63   72   81
```

2-31 有符号整数和无符号整数在计算机内部是如何区分的？

解：有符号整数在计算机内是以二进制补码形式存储的，其最高位为符号位，0 表示“正”，1 表示“负”。无符号整数只能是正数，在计算机内是以绝对值形式存放的。

第3章　函　　数

主教材要点导读

本章的主要目标是学会将一段功能相对独立的程序写成一个函数，为第4章学习类和对象打好必要的基础。掌握函数定义和调用的语法形式并不难，但是要有效地应用函数，必须对函数调用的执行过程和参数的传递有深刻的认识，这也正是初学时的难点。

要很好地理解函数的调用和参数传递，尤其是嵌套调用和递归调用的执行过程，比较有效的方法是利用编译器的调试功能，跟踪函数调用的执行过程、观察参数和变量的值，实验3会引导你进行跟踪和观察。

利用引用传递参数，是函数间数据共享的一个重要方法，但是一部分读者对引用类型的理解会有困难，其实只要简单地将引用理解为一个别名就可以了。

在介绍函数的同时，本章也介绍了一些有用的算法。例3-6介绍了产生随机数序列的方法，例3-8、例3-9、例3-10介绍了递归算法。本章的例题程序与第2章相比显然复杂了一些，需要仔细阅读并上机调试才能完全理解。对于较复杂的程序，书中都以注释的形式给出了详细说明，读者在阅读程序时务必认真阅读注释文字。递归算法是一种非常简洁高效的算法，用途很广泛，但理解起来有一定的难度，自己编写递归程序更不是件容易的事。作为初学者，对此不必着急。学习是一个循序渐进的过程，本章介绍递归算法主要是为了说明C++语言允许函数的递归调用，如果要完全理解和熟练编写递归程序，还需要学习“数据结构”课程，一般数据结构方面的书中都会详细介绍递归算法及其应用。当然，喜欢钻研的读者不妨准备一张大纸，在利用调试功能跟踪递归程序的执行过程时，记录下递归过程中各个变量的值，会有助于对递归算法的理解。

实验3　函数的应用(2学时)

一、实验目的

(1) 掌握函数的定义和调用方法。

(2) 练习重载函数的使用。

(3) 练习使用系统函数。

(4) 学习使用Visual Studio 2019以及Eclipse的Debug调试功能，使用Step Into追踪到函数内部。

二、实验任务

(1) 编写一个函数把华氏温度转换为摄氏温度，转换公式为：C=(F-32)*5/9。

(2) 编写重载函数max1可分别求取两个整数、三个整数、两个双精度数、三个双精度数的最大值。

(3) 使用系统函数 pow(x,y)计算 x^y 的值,注意包含头文件 math.h。

(4) 用递归的方法编写函数求 Fibonacci 级数,观察递归调用的过程。

三、实验步骤

(1) 编写函数 float Convert(float TempFer),参数和返回值都为 float 类型,实现算法 C=(F-32)*5/9,在 main( )函数中实现输入、输出。程序名:lab3_1.cpp。

(2) 分别编写 4 个同名函数 max1,实现函数重载,在 main( )函数中测试函数功能。程序名:lab3_2.cpp。

(3) 在 main( )函数中提示输入两个整数 x、y,使用 cin 语句得到 x、y 的值,调用 pow(x,y)函数计算 x 的 y 次幂的结果,再显示出来。程序名:lab3_4.cpp。

(4) 编写递归函数 int fib (int n),在主程序中输入 n 的值,调用 fib 函数计算 Fibonacci 级数。公式为 fib(n)=fib(n-1)+fib(n-2),n>2; fib(1)=fib(2)=1;使用 if 语句判断函数的出口,在程序中用 cout 语句输出提示信息。程序名:lab3_5.cpp。

(5) 使用 Debug 中的 Step Into 追踪到函数内部,观察函数的调用过程,参考程序如下:

```
//lab3_5
#include <iostream>
using namespace std;

int fib(int n);
int main()
{
    int n, answer;
    cout<<"Enter number: ";
    cin>>n;
    cout<<"\n\n";
    answer=fib(n);
    cout<<answer<<" is the "<<n<<"the Fibonacci number\n";
    return 0;
}

int fib (int n)
{
    cout<<"Processing fib("<<n<<")... ";
    if (n<3 )
    {
        cout<<"Return 1!\n";
        return (1);
    }
    else
    {
        cout<<"Call fib("<<n-2<<") and fib("<<n-1<<").\n";
```

```
        return( fib(n-2) +fib(n-1));
    }
}
```

(6) 调试操作步骤如下:

① Visual Studio 2019 中的调试方法。

a. 选择菜单命令"调试(Debug)|逐语句(Step Into)"或按下快捷键 F11,系统进入单步执行状态,程序开始运行,会出现一个命令行窗口,此时在源码中光标将停在 main( )函数的入口处。

b. 把光标移到语句"answer=fib(n)"前,并在该行单击鼠标右键,在弹出的快捷菜单中单击 Run to Cursor,在程序运行的命令行窗口中按提示输入数字 10,这时回到源码中,光标停在第 11 行,观察一下 n 的值(观察方法见实验 2)。

c. 从调试菜单或调试工具栏中单击"逐语句",程序进入 fib 函数,观察一下 n 的值,把光标移到语句"return(fib(n−2)+fib(n−1))"前,并在该行单击鼠标右键,在弹出的快捷菜单中单击 Run to Cursor,再单击 Step Into,程序递归调用 fib 函数,又进入 fib( )函数,观察一下 n 的值。

d. 继续执行程序,参照上述方法,观察程序的执行顺序,加深对函数调用和递归调用的理解。

e. 再试试调试菜单栏中别的菜单项,熟悉调试的各种方法。

② Eclipse IDE for C/C++ Developers 中的调试方法。

a. 使用 Run|Debug As|Local C/C++ Application,或按下快捷键 F11,系统进入单步执行状态,程序开始运行,此时在源码中光标将停在 main( )函数的入口附近。

b. 把光标移到语句"answer=fib(n)"前,并单击 Run|Run to Line,在程序运行的 Console 窗口中按提示输入数字 10,这时回到源码中,光标停在第 11 行,观察一下 n 的值(观察方法见实验 2)。

c. 从 Run 菜单中单击 Step Into,程序进入 fib 函数,观察一下 n 的值,把光标移到语句"return(fib(n−2)+fib(n−1))"前,从 Run 菜单中单击 Run to Line,再单击 Step Into,程序递归调用 fib( )函数,又进入 fib( )函数,观察一下 n 的值。

d. 继续执行程序,参照上述的方法,观察程序的执行顺序,加深对函数调用和递归调用的理解。

e. 再试试 Run 菜单栏中别的菜单项,熟悉调试的各种方法。

习题解答

3-1 C++ 语言中的函数是什么?什么叫主调函数和被调函数?二者之间有什么关系?如何调用一个函数?

解: 一个较为复杂的系统往往需要划分为若干子系统,高级语言中的子程序就是用来实现这种模块划分的。C 和 C++ 语言中的子程序就体现为函数。调用其他函数的函数被称为主调函数,被其他函数调用的函数称为被调函数。一个函数很可能既调用别的函数又被另外的函数调用,这样它可能在某一个调用与被调用关系中充当主调函数,而在另一个调用与被调用关系中充当被调函数。

调用函数之前先要声明函数原型。按如下形式声明：

类型标识符 被调函数名 (含类型说明的形参表)；

声明了函数原型之后，便可以按如下形式调用子函数：

函数名(实参列表)

3-2 观察下面程序的运行输出，与你设想的有何不同？仔细体会引用的用法。

源程序：

```
#include <iostream>
using namespace std;
int main()
{
    int intOne;
    int &rSomeRef=intOne;

    intOne=5;
    cout<<"intOne: \t"<<intOne<<endl;
    cout<<"rSomeRef: \t"<<rSomeRef<<endl;
    cout<<"&intOne: \t" <<&intOne<<endl;
    cout<<"&rSomeRef: \t"<<&rSomeRef<<endl;

    int intTwo=8;
    rSomeRef=intTwo; //not what you think!
    cout<<"\nintOne: \t"<<intOne<<endl;
    cout<<"intTwo: \t"<<intTwo<<endl;
    cout<<"rSomeRef: \t"<<rSomeRef<<endl;
    cout<<"&intOne: \t" <<&intOne<<endl;
    cout<<"&intTwo: \t" <<&intTwo<<endl;
    cout<<"&rSomeRef: \t"<<&rSomeRef<<endl;
    return 0;
}
```

程序运行输出(在不同的机器上或再次运行时地址可能有所不同)：

```
intOne: 5
rSomeRef:        5
&intOne:         0012FF7C
&rSomeRef:       0012FF7C

intOne: 8
intTwo: 8
rSomeRef:        8
&intOne:         0012FF7C
&intTwo:         0012FF74
&rSomeRef:       0012FF7C
```

3-3 比较值传递和引用传递的相同点与不同点。

解：值传递是指当发生函数调用时，给形参分配内存空间，并用实参来初始化形参（直接将实参的值传递给形参）。这一过程是参数值的单向传递过程，一旦形参获得了值便与实参脱离关系，此后无论形参发生了怎样的改变，都不会影响实参。

引用传递将引用作为形参，在执行主调函数中的调用语句时，系统自动用实参来初始化形参。这样形参就成为实参的一个别名，对形参的任何操作也就直接作用于实参。

3-4 什么叫内联函数？它有哪些特点？

解：定义时使用关键字 inline 的函数叫作内联函数；编译器在编译时在调用处用函数体进行替换，节省了参数传递、控制转移等开销；内联函数体内不能有循环语句和 switch 语句；内联函数的定义必须出现在内联函数第一次被调用之前；对内联函数不能进行异常接口声明。

3-5 函数原型中的参数名与函数定义中的参数名以及函数调用中的参数名必须一致吗？

解：不必一致，所有的参数是根据位置和类型而不是名字来区分的。

3-6 调用被重载的函数时，通过什么来区分被调用的是哪个函数？

解：重载函数的函数名是相同的，但它们的参数个数和数据类型不同，编译器根据实参和形参的类型及个数的最佳匹配，自动确定调用哪一个函数。

3-7 完成函数。参数为两个 unsigned short int 型数，返回值为第一个参数除以第二个参数的结果，数据类型为 short int；如果第二个参数为 0，则返回值为－1。在主程序中实现输入输出。

解：源程序：

```
#include <iostream>
using namespace std;

typedef unsigned short int USHORT;
short int divide(USHORT a, USHORT b)
{
    if (b==0)
        return -1;
    else
        return a/b;
}


int main()
{
    USHORT one, two;
    short int answer;
    cout<< "Enter two numbers.\n Number one: ";
    cin>>one;
    cout<< "Number two: ";
```

```
    cin>>two;
    answer=divide(one, two);
    if (answer >-1)
        cout<<"Answer: "<<answer;
    else
        cout<<"Error, can't be divided by zero!";
    return 0;
}
```

程序运行输出：

```
Enter two numbers.
Number one: 8
Number two: 2
Answer: 4
```

3-8 编写函数把华氏温度转换为摄氏温度，公式为：

$$C=\frac{5}{9}(F-32)$$

在主程序中提示用户输入一个华氏温度，转化后输出相应的摄氏温度。

解：源程序见实验 3 部分。

3-9 编写函数判断一个数是不是质数，在主程序中实现输入输出。

解：

```
#include <iostream>
#include <cmath>
using namespace std;

int prime(int i);                          //判断一个数是不是质数的函数

int main()
{
    int i;
    cout<<"请输入一个整数: ";
    cin>>i;
    if (prime(i))
        cout<<i<<"是质数."<<endl;
    else
        cout<<i<<"不是质数."<<endl;
    return 0;
}

int prime(int i)
{
    int j,k,flag;
    flag=1;
```

```
    k=sqrt(i);
    for (j=2; j<=k; j++)
    {
        if(i%j==0)
        {
            flag=0;
            break;
        }
    }
        return flag;

}
```

程序运行输出：

```
请输入一个整数：1151
1151是质数.
```

3-10 编写函数求两个整数的最大公约数和最小公倍数。

解：源程序：

```
#include <iostream>
#include <cmath>
using namespace std;

int fn1(int i,int j);                          //求最大公约数的函数

int main()
{
    int i,j,x,y;
    cout<<"请输入一个正整数：";
    cin>>i ;
    cout<<"请输入另一个正整数：";
    cin>>j ;

    x=fn1(i,j);
    y=i * j / x;
    cout<<i<<"和"<<j<<"的最大公约数是："<<x<<endl;
    cout<<i<<"和"<<j<<"的最小公倍数是："<<y<<endl;
    return 0;
}

int fn1(int i, int j)
{
    int temp;
    if (i<j)
```

```
    {
        temp=i;
        i=j;
        j =temp;
    }
    while(j !=0)
    {
        temp=i %j;
        i=j;
        j=temp;
    }
    return i;
}
```

程序运行输出：

```
请输入一个正整数：120
请输入另一个正整数：72
120 和 72 的最大公约数是：24
120 和 72 的最小公倍数是：360
```

3-11 什么叫嵌套调用？什么叫递归调用？

解：函数允许嵌套调用，如果函数 1 调用了函数 2，函数 2 又调用函数 3，便形成了函数的嵌套调用。

函数可以直接或间接地调用自身，称为递归调用。

3-12 在主程序中提示输入整数 n，编写函数用递归的方法求 $1+2+\cdots+n$ 的值。

解：

```
#include <iostream>
#include <cmath>
using namespace std;

int fn1(int i);

int main()
{
    int i;
    cout<<"请输入一个正整数：";
    cin>>i;

    cout<<"从 1 累加到" <<i<<"的和为："<<fn1(i)<<endl;
    return 0;
}

int fn1(int i)
{
```

```
    if (i==1)
        return 1;
    else
        return i +fn1(i -1);
}
```

程序运行输出：

```
请输入一个正整数：100
从 1 累加到 100 的和为：5050
```

3-13 用递归的方法编写函数求 Fibonacci 级数，公式为：

$$F_n=F_{n-1}+F_{n-2}(n>2),\quad F_1=F_2=1$$

观察递归调用的过程。

解：源程序见实验 3 部分。

3-14 用递归的方法编写函数求 n 阶勒让德多项式的值，在主程序中实现输入输出；递归公式为：

$$p_n(x)=\begin{cases}1 & (n=0)\\ x & (n=1)\\ ((2n-1)\times x\times p_{n-1}(x)-(n-1)\times p_{n-2}(x))/n & (n>1)\end{cases}$$

解：

```
#include <iostream>
using namespace std;

float p(int n, int x);

int main()
{
    int n,x;
    cout<<"请输入正整数 n: ";
    cin>>n;
    cout<<"请输入正整数 x: ";
    cin>>x;

    cout<<"n="<<n<<endl;
    cout<<"x="<<x<<endl;
    cout<<"P"<<n<<"("<<x<<")="<<p(n,x)<<endl;
    return 0;
}

float p(int n, int x)
{
    if (n==0)
        return 1;
```

```
    else if (n==1)
        return x;
    else
        return ((2*n-1)*x*p(n-1,x) -(n-1)*p(n-2,x))/n ;
}
```

程序运行输出：

```
请输入正整数 n: 1
请输入正整数 x: 2
n=1
x=2
P1(2)=2

请输入正整数 n: 3
请输入正整数 x: 4
n=3
x=4
P3(4)=154
```

3-15 编写递归函数 getPower 计算 x^y，在同一个程序中针对整型和实型实现两个重载的函数：

```
int getPower(int x, int y);            //整型形式,当 y<0 时,返回 0
double getPower(double x, int y);      //实型形式
```

在主程序中实现输入输出，分别输入一个整数 a 和一个实数 b 作为底数，再输入一个整数 m 作为指数，输出 a^m 和 b^m。另外请读者思考，如果在调用 getPower 函数计算 a^m 时希望得到一个实型结果（实型结果表示范围更大，而且可以准确表示 $m<0$ 时的结果）该如何调用？

解：源程序：

```
#include <iostream>
using namespace std;

int getPower(int x, int y);
double getPower(double x, int y);

int main()
{
    int iNumber, power;
    double dNumber;
    int iAnswer;
    double dAnswer;
    cout<<"Enter an int base number: ";
    cin>>iNumber;
    cout<<"Enter a double base number: ";
```

```
    cin>>dNumber;
    cout<<"To what power? ";
    cin>>power;
    iAnswer=getPower(iNumber,power);
    dAnswer=getPower(dNumber,power);
    cout<<iNumber<<" to the "<<power<<"the power is " <<iAnswer<<endl;
    cout<<dNumber<<" to the "<<power<<"the power is " <<dAnswer<<endl;
    return 0;
}

int getPower(int x, int y)
{
    if(y==1)
        return x;
    else if(y==0)
        return 1;
    else if(y<0)
        return 0;
    else
        return (x*getPower(x,y-1));
}

double getPower(double x, int y)
{
    if(y==1)
        return x;
    else if(y==0)
        return 1;
    else if(y<0)
        return 1/ getPower(x,-y);
    else
        return (x*getPower(x,y-1));
}
```

如果在调用 getPower 函数计算 a^m 时希望得到一个实型结果，可以将 a 强制转换为 double 类型：

```
dAnswer=getPower((double)iNumber,power);
```

程序运行输出：

```
Enter an int base number: 3
Enter a double base number: 3.5
To what power? 4
3 to the 4 the power is 81
3.5 to the 4 the power is 150.0625
```

3-16 当函数发生递归调用时，同一个局部变量在不同递归深度上可以同时存在不同的取值，这在底层是如何做到的？

解：对同一个函数的多次不同调用中，编译器会为函数的形参和局部变量分配不同的空间，它们互不影响。

第4章　类与对象

主教材要点导读

前面介绍的只是一般程序设计的基础知识，从本章开始才真正接触到面向对象的程序设计。类是面向对象程序设计中最重要、最基本的概念，也是学习面向对象方法时遇到的第一个难点。类是对逻辑上相关的函数与数据的封装，是对问题的抽象描述。

要理解类与对象必须结合实例来学习，读者可以一边读教材一边思考：除了书中列出的例子，现实世界中还有哪些有形或无形的事物可以被抽象为程序中的类，每个类又存在哪些对象(实体)。这样对类的概念就会理解得快一些。

在学习类成员的访问控制、构造函数、析构函数时，读者自然会有这样的疑问：这些语法有什么用呢？难道写个小程序也必须搞得这么麻烦吗？应该说C++语言是适合写大型程序的，C++语言的设计师 Bjarne Stroustup 在《C++语言的设计和演化》一书中指出："C++作为一种系统编程语言，是为开发由大系统部件组成的应用而进行设计的。"因此，在初学者编写小型程序时很难看到C++的优越性。虽然在教材中尽量结合实例来讲解，但限于本书定位于初学读者，例题不可能很复杂、庞大，所以读者总感到例题只是验证性的，有点牵强。从学习这一章开始，学生就会经常问我，语法为什么是这样？规定为什么这么多？进而将语法规定作为讨厌的东西，在内心抵触。作者在书中已经谈了很多关于C++语言和面向对象方法的特点、用途，但在编写小程序时很难看到面向对象方法的优点。对于初学者来说，作者建议换一种思维方式，如果目前还看不到某些语法规定的意义，先不要钻牛角尖。比如构造函数、复制构造函数和析构函数，在本章的例题中，还体现不出它们的用途，那就先不理会它们，待以后用到时，再去体会其中的妙处，本章先了解一下这些语法规定。这样想，学习的时候心情是否会轻松些呢？

从本章开始，每章的最后一节都是一个实例——人员信息管理系统，这个例子贯穿后续各章节，利用每章介绍的知识不断丰富程序的功能，建议读者仔细阅读、体会，并尝试修改、补充程序的功能。

本章中还介绍了利用UML表示类与对象的方法，以后各章还将进一步介绍用UML表示类之间的关系，但这远不是UML的全部，这方面的内容也不是初学时的重点，读者可以不必深究，了解一下就可以了。如果有需要，可以另外学习"软件工程"课程。

实验4　类与对象(4学时)

一、实验目的

(1) 掌握类的声明和使用。

(2) 掌握类的声明和对象的声明。

(3) 复习具有不同访问属性的成员的访问方式。

(4) 观察构造函数和析构函数的执行过程。

(5) 学习类的组合使用方法。

(6) 使用 Visual Studio 2019 以及 Eclipse 的 Debug 调试功能观察程序流程,跟踪观察类的构造函数、析构函数、成员函数的执行顺序。

二、实验任务

(1) 声明一个 CPU 类,包含等级(rank)、频率(frequency)、电压(voltage)等属性,有两个公有成员函数 run、stop。其中,rank 为枚举类型 CPU_Rank,声明为 enum CPU_Rank {P1=1,P2,P3,P4,P5,P6,P7};frequency 为单位是 MHz 的整型数,voltage 为浮点型的电压值。观察构造函数和析构函数的调用顺序。

(2) 声明一个简单的 Computer 类,有数据成员芯片(cpu)、内存(ram)、光驱(cdrom)等,有两个公有成员函数 run、stop。cpu 为 CPU 类的一个对象,ram 为 RAM 类的一个对象,cdrom 为 CDROM 类的一个对象,声明并实现这个类。

(3) (选做)设计一个用于人事管理的 People(人员)类。考虑到通用性,这里只抽象出所有类型人员都具有的属性：number(编号)、sex(性别)、birthday(出生日期)、id(身份证号)等。其中,"出生日期"声明为一个"日期"类内嵌子对象。用成员函数实现对人员信息的录入和显示。要求包括：构造函数和析构函数、复制构造函数、内联成员函数、组合。

三、实验步骤

(1) 首先声明枚举类型 CPU_Rank,例如 enum CPU_Rank {P1=1,P2,P3,P4,P5,P6,P7},再声明 CPU 类,包含等级(rank)、频率(frequency)、电压(voltage)等私有数据成员,声明成员函数 run、stop,用来输出提示信息,在构造函数和析构函数中也可以输出提示信息。在主程序中声明一个 CPU 的对象,调用其成员函数,观察类对象的构造与析构顺序,以及成员函数的调用。程序名：lab4_1.cpp。

(2) 使用 Debug 调试功能观察程序 lab4_1.cpp 的运行流程,跟踪观察类的构造函数、析构函数、成员函数的执行顺序。参考程序如下：

```
//lab4_1.cpp
#include <iostream>
using namespace std;

enum CPU_Rank {P1=1, P2, P3, P4, P5, P6, P7};
class CPU
{
private:
    CPU_Rank rank;
    int frequency;
    float voltage;
public:
    CPU (CPU_Rank r, int f, float v)
```

```
    {
        rank=r;
        frequency=f;
        voltage=v;
        cout<<"构造了一个 CPU!"<<endl;
    }
    ~CPU () { cout<<"析构了一个 CPU!"<<endl; }

    CPU_Rank GetRank() const { return rank; }
    int GetFrequency() const { return frequency; }
    float GetVoltage() const { return voltage; }

    void SetRank(CPU_Rank r) { rank=r; }
    void SetFrequency(int f) { frequency=f; }
    void SetVoltage(float v) { voltage=v; }

    void Run() {cout<<"CPU 开始运行!"<<endl; }
    void Stop() {cout<<"CPU 停止运行!"<<endl; }
};

int main()
{
    CPU a(P6,300,2.8);
    a.Run();
    a.Stop();
}
```

(3) 调试操作步骤如下：

① Visual Studio 中的调试方法。

- 单击“调试(Debug)|逐语句(Step Into)”命令，或按下快捷键 F11，系统进入单步执行状态，程序开始运行，一个命令行窗口出现，此时 Visual Studio 中光标停在 main( )函数的入口处。
- 从调试菜单或调试工具栏中单击“逐过程(Step Over)”，此时，光标下移，程序准备执行 CPU 对象的初始化。
- 单击“逐语句”，程序准备执行 CPU 类的构造函数。
- 连续单击“逐过程”，观察构造函数的执行情况，直到执行完构造函数，程序回到主函数。
- 此时程序准备执行 CPU 对象的 run( )方法，单击“逐语句”，程序进入 run( )成员函数，连续单击“逐语句”，直到回到 main( )函数。
- 继续执行程序，参照上述的方法，观察程序的执行顺序，加深对类的构造函数、析构函数、成员函数的执行顺序的认识。
- 再试试调试菜单栏中别的菜单项，熟悉调试的各种方法。

② Eclipse IDE for C/C++ Developers 中的调试方法。

- 使用 Run|Debug As|Local C/C++ Application，或按下快捷键 F11，系统进入单步执行状态，程序开始运行，此时在源码中光标将停在 main( )函数的入口附近。
- 从 Run 命令菜单单击 Step Over，此时光标下移，程序准备执行 CPU 对象的初始化。
- 单击 Step Into，程序准备执行 CPU 类的构造函数。
- 连续单击 Step Over，观察构造函数的执行情况，直到执行完构造函数，程序回到主函数。
- 此时程序准备执行 CPU 对象的 run( )方法，单击 Step Into 命令，程序进入 run( )成员函数，连续单击 Step Over 命令，直到回到 main( )函数。
- 继续执行程序，参照上述方法，观察程序的执行顺序，加深对类的构造函数、析构函数、成员函数的执行顺序的认识。
- 再试试 Run 菜单栏中别的菜单项，熟悉调试的各种方法。

(4) 首先声明 CPU 类、RAM 类、CDROM 类。再声明 Computer 类：声明私有数据成员 cpu、ram、cdrom，声明公有成员函数 run、stop，可在其中输出提示信息。在主函数中声明一个 Computer 的对象，调用其成员函数，观察类对象及其成员变量的构造与析构顺序，以及成员函数的调用。程序名：lab4_2.cpp。

(5) 使用 Debug 调试功能观察 lab4_2.cpp 程序的运行流程，跟踪观察类的构造函数、析构函数、成员函数的执行顺序，特别注意观察成员变量的构造与析构顺序。

习题解答

4-1 解释 public 和 private 的作用，公有类型成员与私有类型成员有什么区别？

解：公有类型成员用 public 关键字声明，公有类型定义了类的外部接口；私有类型成员用 private 关键字声明，只允许本类的函数成员来访问，而类外部的任何访问都是非法的，这样，私有成员就整个隐蔽在类中，在类的外部根本就无法看到，实现了访问权限的有效控制。

4-2 protected 关键字有何作用？

解：protected 用来声明保护类型的成员，保护类型的性质和私有类型的性质相似，其差别在于继承和派生时派生类的成员函数可以访问基类的保护成员。

4-3 构造函数和析构函数有什么作用？

解：构造函数的作用就是在对象被创建时利用特定的值构造对象，将对象初始化为一个特定的状态，使此对象具有区别于彼对象的特征，完成的就是一个从一般到具体的过程，构造函数在对象创建的时候由系统自动调用。

析构函数与构造函数的作用几乎正好相反，它是用来完成对象被删除前的一些清理工作，也就是专门做扫尾工作的。一般情况下，析构函数是在对象的生存期即将结束的时刻由系统自动调用的，它的调用完成之后，对象也就消失了，相应的内存空间也被释放。

4-4 数据成员可以为公有的吗？成员函数可以为私有的吗？

解：可以，二者都是合法的。数据成员和成员函数都可以为公有或私有的。但数据成员最好声明为私有的。

4-5 已知 class A 中有数据成员 int a，如果定义了 A 的两个对象 a1、a2，它们各自的数据成员 a 的值可以不同吗？

解：可以，类的每一个对象都有自己的数据成员。

4-6 什么叫作复制构造函数？复制构造函数何时被调用？

解：复制构造函数是一种特殊的构造函数，其形参是本类的对象的引用，其作用是使用一个已经存在的对象，去初始化一个新的同类的对象。在以下三种情况下会被调用：当用类的一个对象去初始化该类的另一个对象时；如果函数的形参是类对象，调用函数进行形参和实参结合时；如果函数的返回值是类对象，函数调用完成返回时。

4-7 复制构造函数与赋值运算符(=)有何不同？

解：赋值运算符(=)作用于一个已存在的对象；而复制构造函数会创建一个新的对象。

4-8 定义一个 Dog 类，包含 age、weight 等属性，以及对这些属性操作的方法。实现并测试这个类。

解：源程序：

```
#include <iostream>
using namespace std;

class Dog {
public:
    Dog(int initialAge=0, int initialWeight=5);
    ~Dog();
    int getAge() {
        return age;
    }
    void setAge(int age) {
        this->age=age;
    }
    int getWeight() {
        return weight;
    }
    void setWeight(int weight) {
        this->weight=weight;
    }
private:
    int age, weight;
};

Dog:: Dog(int initialAge, int initialWeight) {
    age=initialAge;
    weight=initialWeight;
}

Dog:: ~Dog()                        //析构函数,不做任何工作
{
}
```

```
int main() {
    Dog Jack(2, 10);
    cout<<"Jack is a Dog who is ";
    cout<<Jack.getAge()<<" years old and "<<Jack.getWeight()<<" pounds weight"<<
   endl;
    Jack.setAge(7);
    Jack.setWeight(20);
    cout<<"Now Jack is ";
    cout<<Jack.getAge()<<" years old and "<<Jack.getWeight()<<" pounds weight."<<
   endl;

    return 0;
}
```

程序运行输出：

```
Jack is a Dog who is 2 years old and 10 pounds weight.
Now Jack is 7 years old and 20 pounds weight.
```

4-9 设计并测试一个名为 Rectangle 的矩形类，其属性为矩形的左下角与右上角两个点的坐标，根据坐标能计算矩形的面积。

解：源程序：

```
#include <iostream>
using namespace std;

class Rectangle {
public:
    Rectangle(int top, int left, int bottom, int right);
    ~Rectangle() {
    }

    int getTop() const {
        return top;
    }
    int getLeft() const {
        return left;
    }
    int getBottom() const {
        return bottom;
    }
    int getRight() const {
        return right;
    }
```

```
    void setTop(int top) {
        top=top;
    }
    void setLeft(int left) {
        left=left;
    }
    void setBottom(int bottom) {
        bottom=bottom;
    }
    void setRight(int right) {
        right=right;
    }

    int getArea() const;

private:
    int top;
    int left;
    int bottom;
    int right;
};
Rectangle:: Rectangle(int top, int left, int bottom, int right) {
    this->top=top;
    this->left=left;
    this->bottom=bottom;
    this->right=right;
}

int Rectangle:: getArea() const {
    int width=right -left;
    int height=top -bottom;
    return (width * height);
}

int main() {
    Rectangle rect(100, 20, 50, 80);
    cout<<"Area: "<<rect.getArea()<<endl;
    return 0;
}
```

程序运行输出：

```
Area: 3000
```

4-10 设计一个用于人事管理的“人员”类。由于考虑到通用性，这里只抽象出所有类型人员都具有的属性：编号、性别、出生日期、身份证号等。其中“出生日期”声明为一个“日期”类内嵌子对象。用成员函数实现对人员信息的录入和显示。要求包括：构造函数和析构函数、复制构造函数、内联成员函数、带默认形参值的成员函数、类的组合。

解：本题用作实验 4 的选做题，因此不给出答案。

4-11 定义并实现一个矩形类，有长、宽两个属性，由成员函数计算矩形的面积。

解：

```
#include <iostream>
using namespace std;

class Rectangle {
public:
    Rectangle(float l, float w) {
        length=l;
        width=w;
    }
    ~Rectangle() {
    }
    float getArea() {
        return length * width;
    }
    float getlength() {
        return length;
    }
    float getwidth() {
        return width;
    }
private:
    float length;
    float width;
};

int main() {
    float length, width;
    cout<<"请输入矩形的长度: ";
    cin>>length;
    cout<<"请输入矩形的宽度: ";
    cin>>width;
    Rectangle r(length, width);
    cout<<"长为"<<length<<"宽为"<<width<<"的矩形的面积为: "<<r.getArea()
        <<endl;
    return 0;
}
```

程序运行输出：

```
请输入矩形的长度: 5
请输入矩形的宽度: 4
长为 5 宽为 4 的矩形的面积为: 20
```

4-12 定义一个 DataType(数据类型)类,能处理包含字符型、整型、浮点型 3 种类型的数据,给出其构造函数。

解:

```
#include <iostream>
using namespace std;

class DataType{
    enum{
        character,
        integer,
        floating_point
    } vartype;
    union
    {
        char c;
        int i;
        float f;
    };
public:
    DataType(char ch) {
        vartype=character;
        c=ch;
    }
    DataType(int ii) {
        vartype=integer;
        i=ii;
    }
    DataType(float ff) {
        vartype=floating_point;
        f=ff;
    }
    void print();
};

void DataType:: print() {
    switch (vartype) {
    case character:
        cout<<"字符型: "<<c<<endl;
        break;
    case integer:
```

```
        cout<<"整型: "<<i<<endl;
        break;
    case floating_point:
        cout<<"浮点型: "<<f<<endl;
        break;
    }
}

int main() {

    DataType a('c'), b(12), c(1.44F);
    a.print();
    b.print();
    c.print();
    return 0;
}
```

程序运行输出：

```
字符型: c
整型: 12
浮点型: 1.44
```

4-13 定义一个 Circle 类，有数据成员 radius(半径)、成员函数 getArea( )，计算圆的面积，构造一个 Circle 的对象进行测试。

解：

```
#include <iostream>
using namespace std;

class Circle {
public:
    Circle(float radius) {
        this->radius=radius;
    }
    ~Circle() {
    }
    float getArea() {
        return 3.14 * radius * radius;
    }
private:
    float radius;
};
int main() {
    float radius;
    cout<<"请输入圆的半径: ";
```

```
    cin>>radius;
    Circle p(radius);
    cout<<"半径为"<<radius<<"的圆的面积为: "<<p.getArea()<<endl;
    return 0;
}
```

程序运行输出：

```
请输入圆的半径: 5
半径为 5 的圆的面积为: 78.5
```

4-14 定义一个 Tree(树)类，有成员 ages(树龄)，成员函数 grow(int years)对 ages 加上 years，age( )显示 tree 对象的 ages 的值。

解：

```
#include <iostream>
using namespace std;

class Tree {
    int ages;
public:
    Tree(int n=0);
    ~Tree();
    void grow(int years);
    void age();
};

Tree:: Tree(int n) {
    ages=n;
}

Tree:: ~Tree() {
    age();
}

void Tree:: grow(int years) {
    ages +=years;
}

void Tree:: age() {
    cout<<"这棵树的年龄为"<<ages<<endl;
}
int main()
{
    Tree t(12);
```

```
    t.age();
    t.grow(4);
    return 0;
}
```

程序运行输出：

```
这棵树的年龄为 12
这棵树的年龄为 16
```

4-15 根据例 4-3(主教材)中关于 Circle 类定义的源代码绘出该类的 UML 图形表示。

解：

Circle
– radius: float
+ Circle(r: float) + Circumference( ): float + Area( ): float

4-16 根据下面 C++ 代码绘出相应的 UML 图形，表示出类 ZRF、类 SSH 和类 Person 之间的继承关系。

```
class Person
{
    public:
        Person(const Person& right);
        ~Person();
    private:
        char Name;
        int Age;
};

class ZRF: protected Person{};

class SSH: private Person{};
```

解：

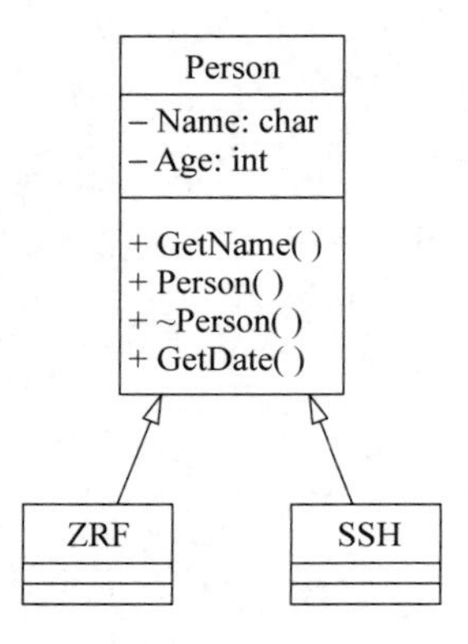

4-17 在一个大学的选课系统中，包括两个类：CourseSchedule 类和 Course 类，其关系为：CourseSchedule 类中的成员函数 add 和 remove 的参数是 Course 类的对象，请通过 UML 方法显式表示出这种依赖关系。

解：

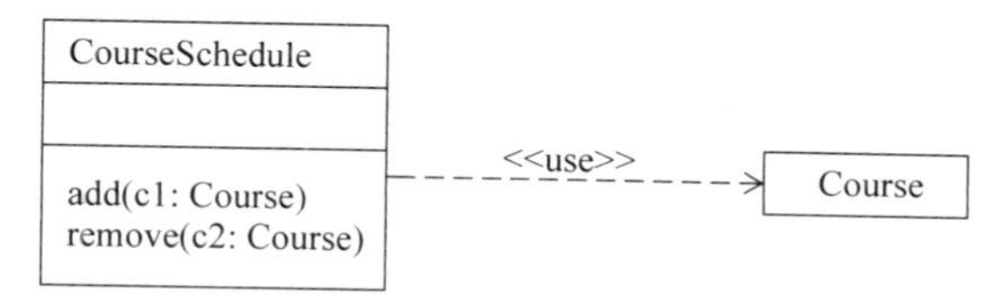

4-18 在一个学校院系人员信息系统中，需要对院系(Department)和教师(Teacher)之间的关系进行部分建模，其关系描述为：每个 Teacher 可以属于零个或多个 Department 的成员，而每个 Department 至少包含一个 Teacher 作为成员。根据以上关系绘制出相应的 UML 类图。

解：

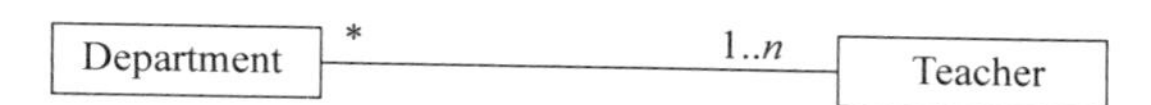

4-19 编写一个名为 CPU 的类，描述一个 CPU 的以下信息：时钟频率，最大不会超过 3000MHz；字长，可以是 32 位或 64 位；核数，可以是单核、双核或四核；是否支持超线程。各项信息要求使用位域来表示。通过输出 sizeof(CPU)来观察该类所占的字节数。

解：

```
#include <iostream>
using namespace std;

enum Core { Single, Dual, Quad };
enum Words { Bit32, Bit64 };
enum HyperThread { Support, NotSupport };
class CPU {
public:
    CPU(unsigned frequence, Core type, Words length, HyperThread mode)
        : frequence (frequence), CoreType (type), WordLen (length), mode(mode) { }
    void show();
private:
    unsigned frequence: 32;
    Core CoreType: 3;
    Words WordLen: 2;
    HyperThread mode: 2;
};

void CPU:: show() {
    cout<<" Frequence:    "<<frequence<<endl;
    cout<<" Core:     ";
    switch ((unsigned)CoreType) {
        case Single:  cout<<" Single-Core"; break;
```

```
        case Dual:    cout<<" Dual-Core"; break;
        case Quad:    cout<<" Quad-Core"; break;
    }
    cout<<endl;
    cout<<" Words:     ";
    switch ((unsigned)WordLen) {
        case Bit32:   cout<<"32-bits len"; break;
        case Bit64:   cout<<"64-bits len"; break;
    }
    cout<<endl;
    cout<<" HyperThread:     ";
    switch ((unsigned)mode) {
        case Support:       cout<<"Support Hyper-Thread"; break;
        case NotSupport:    cout<<"Not Support Hyper-Thread"; break;
    }
    cout<<endl;
}

int main() {
    CPU c(3000000000, Quad, Bit64,Support);
    cout<<"Size of Class CPU: "<<sizeof(CPU)<<endl;
    c.show();
    return 0;
}
```

4-20 定义一个复数类 Complex，使得下面的代码能够工作：

```
Complex c1(3, 5);          //用复数 3+5i 初始化 c1
Complex c2=4.5;            //用实数 4.5 初始化 c2
c1.add(c2);                //将 c1 与 c2 相加,结果保存在 c1 中
c1.show();                 //将 c1 输出(这时的结果应该是 7.5+5i)
```

解：

```
#include <iostream>
using namespace std;

class Complex {
public:
    Complex(double r, double i):
        real(r), image(i) {
    }
    Complex(double r):
        real(r), image(0) {
    }
    void show();
    void add(Complex c2);
```

```
private:
    double real;
    double image;
};
void Complex:: add(Complex c2) {
    real +=c2.real;
    image +=c2.image;
}

void Complex:: show() {
    cout<<real<<" +";
    cout<<image<<"i";
    cout<<endl;
}

int main() {
    Complex c1(1.5, 2.5);
    Complex c2=4.5;
    c1.show();
    c1.add(c2);
    c1.show();
    return 0;
}
```

4-21 在下面的枚举类型中,BLUE 的值是多少?

```
enum COLOR { WHITE, BLACK=100, RED, BLUE, GREEN=300 };
```

解:

```
BLUE=102
```

4-22 声明枚举类型 Weekday,包括 SUNDAY 到 SATURDAY 这 7 个元素在程序中声明 Weekday 类型的变量,对其赋值,声明整型变量,看看能否对其赋 Weekday 类型的值。

解:

```
#include <iostream>
using namespace std;

enum Weekday {
    SUNDAY, MONDAY, TUESDAY, WEDNESDAY, THURSDAY, FRIDAY, SATURDAY
};

int main() {
    int i;
    Weekday d=THURSDAY;
    cout<<"d="<<d<<endl;
```

```
    i=d;
    cout<<"i="<<i<<endl;

    d=(Weekday) 6;
    cout<<"d="<<d<<endl;
    d=Weekday(4);
    cout<<"d="<<d<<endl;
    return 0;
}
```

程序运行输出：

```
d=4
i=4
d=6
```

第5章　数据的共享与保护

主教材要点导读

本章主要介绍与程序的结构、模块间的关系和数据共享相关的内容。读者学习这一章时的主要问题可能是感觉到与其他章节相比，这一章显得有些芜杂，语法规定很多。不过，只要循着程序结构和数据共享这两条主线，思路就会比较清晰。

标识符的作用域和对象的生存期问题，是研究程序模块之间数据传递、数据共享的基础。静态成员是类的对象之间共享数据和代码的手段。友元是不同的类之间、类与类外的函数之间共享数据的机制。而常引用、常对象、常成员为共享的数据提供了保护机制。使用多文件结构，有利于大型项目的分工合作、分别开发。如果要在一个项目的不同程序文件之间共享数据和代码，就要用到外部变量和外部函数。

本章内容语法规定较多，有的读者对这些语法规定不太理解，总想找个老师问问：能不能这样写？是不是会有那样的效果？如果周围没有人可以请教，常常感到束手无策。有的读者逐一理解这些语法规定倒也不难，但是会觉得记不住，还会混淆，其实根本原因还是没有将每一个问题理解透彻。我建议读者要自己验证每一个语法规定，用反证的方法更有助于理解和加深印象。比如，语法规定当程序流程离开了一个变量的作用域，就不能使用该变量，那么你可以编一段程序，尝试在变量的作用域之外使用这个变量，看看后果是什么。还可以尝试用普通的成员函数去处理常对象，看看会是什么情况。这样验证以后，很多疑问就解开了。

以后学习后续章节时也是这样的，如果有些问题反复看都不能理解、反复想都想不清楚，那就不是看和想能解决的了，这时就需要自己动手编一些程序来试验，效果往往不错。

实验5　数据的共享与保护(2学时)

一、实验目的

(1) 观察程序运行中变量的作用域、生存期和可见性。

(2) 学习类的静态成员的使用。

(3) 学习多文件结构在C++程序中的使用。

二、实验任务

(1) 运行下面的程序，观察变量x、y的值。

```
//lab5_1.cpp
#include <iostream>
```

```
using namespace std;

void fn1();
int x=1, y=2;

int main()
{
    cout<<"Begin..."<<endl;
    cout<<"x="<<x<<endl;
    cout<<"y="<<y<<endl;
    cout<<"Evaluate x and y in main()..."<<endl;
    int x=10, y=20;
    cout<<"x="<<x<<endl;
    cout<<"y="<<y<<endl;
    cout<<"Step into fn1()..."<<endl;
    fn1();
    cout<<"Back in main"<<endl;
    cout<<"x="<<x<<endl;
    cout<<"y="<<y<<endl;
    return 0;
}
void fn1()
{
    int y=200;
    cout<<"x="<<x<<endl;
    cout<<"y="<<y<<endl;
}
```

(2) 实现客户机(CLIENT)类。声明字符型静态数据成员 ServerName,保存其服务器名称;整型静态数据成员 ClientNum,记录已定义的客户数量;定义静态函数 ChangeServerName( )改变服务器名称。在头文件 client.h 中声明类,在文件 client.cpp 中实现,在文件 test.cpp 中测试这个类,观察相应的成员变量取值的变化情况。

三、实验步骤

(1) 运行 lab5_1 程序,观察程序输出。全局变量的作用域为文件作用域,在整个程序运行期间有效,但如果在局部模块中声明了同名的变量,则在局部模块中,可见的是局部变量,此时,全局变量不可见;而局部变量的生存期只限于相应的程序模块中,离开相应的程序模块,局部变量 x、y 就不再存在,此时同名的全局变量重新可见。

(2) 新建一个空的项目 lab5_2,添加头文件 client.h,在其中声明类 CLIENT,注意使用编译预处理命令;再添加源程序文件 client.cpp,在其中实现 CLIENT 类,注意静态成员变量的使用方法;再添加文件 lab5_2.cpp,在其中定义 main( )函数,测试 CLIENT 类,观察相应的成员变量取值的变化情况。

习题解答

5-1 什么叫作用域？有哪几种类型的作用域？

解：作用域讨论的是标识符的有效范围，作用域是一个标识符在程序正文中有效的区域。C++的作用域分为函数原型作用域、块作用域（局部作用域）、类作用域和文件作用域。

5-2 什么叫可见性？可见性的一般规则是什么？

解：可见性是标识符是否可以引用的问题。

可见性的一般规则是：标识符要声明在前，引用在后；在同一作用域中，不能声明同名的标识符。对于在不同的作用域声明的标识符，遵循的原则是：若有两个或多个具有包含关系的作用域，外层声明的标识符如果在内层没有声明同名标识符时仍可见，如果内层声明了同名标识符则外层标识符不可见。

5-3 下面程序的运行结果是什么？实际运行一下，看看与你的设想有何不同。

```
#include <iostream>
using namespace std;
int x=5, y=7;
void myFunction()
{
    int y=10;

    cout<<"x from myFunction: "<<x<<"\n";
    cout<<"y from myFunction: "<<y<<"\n\n";
}
int main()
{

    cout<<"x from main: "<<x<<"\n";
    cout<<"y from main: "<<y<<"\n\n";
    myFunction();
    cout<<"Back from myFunction!\n\n";
    cout<<"x from main: "<<x<<"\n";
    cout<<"y from main: "<<y<<"\n";
    return 0;
}
```

解：程序运行输出：

```
x from main: 5
y from main: 7

x from myFunction: 5
y from myFunction: 10
```

```
Back from myFunction!

x from main: 5
y from main: 7
```

5-4 假设有两个无关系的类 engine 和 fuel，使用时，怎样允许 fuel 成员访问 engine 中的私有和保护的成员？

解：源程序：

```
class fuel;
class engine
{
        friend class fuel;
    private;
        int powerlevel;
    public;
        engine(){ powerLevel=0;}
        void engine_fn(fuel &f);
};
class fuel
{
        friend class engine;
    private;
        int fuelLevel;
    public:
        fuel(){ fuelLevel=0;}
        void fuel_fn( engine &e);
};
```

5-5 什么叫作静态数据成员？它有何特点？

解：类的静态数据成员是类的数据成员的一种特例，采用 static 关键字来声明。对于类的普通数据成员，每一个类的对象都拥有一份存储，就是说每个对象的同名数据成员可以分别存储不同的数值，这也是保证对象拥有自身区别于其他对象的特征的需要，但是静态数据成员，每个类只要一份存储，由所有该类的对象共同维护和使用，这个共同维护、使用也就实现了同一类的不同对象之间的数据共享。

5-6 什么叫作静态函数成员？它有何特点？

解：使用 static 关键字声明的函数成员是静态的，静态函数成员属于整个类，同一类的所有对象共同维护，为这些对象所共享。静态函数成员具有以下两方面的好处，一是由于静态成员函数只能直接访问同一个类的静态数据成员，可以保证不会对该类的其余数据成员造成负面影响；二是同一个类只维护一个静态函数成员的拷贝，节约了系统的开销，提高程序的运行效率。

5-7 定义一个 Cat 类，拥有静态数据成员 numOfCats，记录 Cat 的个体数目；静态成员函数 getNumOfCats()，存取 numOfCats。设计程序测试这个类，体会静态数据成员和静态成员函数的用法。

解：源程序：

```
#include <iostream>
using namespace std;

class Cat {
public:
    Cat(int age):
        itsAge(age) {
        numOfCats++;
    }
    virtual ~Cat() {
        numOfCats--;
    }
    virtual int getAge() {
        return itsAge;
    }
    virtual void setAge(int age) {
        itsAge=age;
    }
    static int getNumOfCats() {
        return numOfCats;
    }
private:
    int itsAge;
    static int numOfCats;
};

int Cat:: numOfCats=0;

void telepathicFunction();

int main() {
    const int maxCats=5;
    Cat * catHouse[maxCats];
    int i;
    for (i=0; i<maxCats; i++) {
        catHouse[i]=new Cat(i);
        telepathicFunction();
    }

    for (i=0; i<maxCats; i++) {
        delete catHouse[i];
        telepathicFunction();
```

```
    }
    return 0;
}

void telepathicFunction() {
    cout<<"There are "<<Cat:: getNumOfCats()<<" cats alive!\n";
}
```

程序运行输出：

```
There are 1 cats alive!
There are 2 cats alive!
There are 3 cats alive!
There are 4 cats alive!
There are 5 cats alive!
There are 4 cats alive!
There are 3 cats alive!
There are 2 cats alive!
There are 1 cats alive!
There are 0 cats alive!
```

5-8 什么叫作友元函数？什么叫作友元类？

解：友元函数是使用 friend 关键字声明的函数，它可以访问相应类的保护成员和私有成员。友元类是使用 friend 关键字声明的类，它的所有成员函数都是相应类的友元函数。

5-9 如果类 A 是类 B 的友元，类 B 是类 C 的友元，类 D 是类 A 的派生类，那么类 B 是类 A 的友元吗？类 C 是类 A 的友元吗？类 D 是类 B 的友元吗？

解：类 B 不是类 A 的友元，友元关系不具有交换性；

类 C 不是类 A 的友元，友元关系不具有传递性；

类 D 不是类 B 的友元，友元关系不能被继承。

5-10 静态成员变量可以为私有的吗？声明一个私有的静态整型成员变量。

解：可以，例如：

```
private:
    static int a;
```

5-11 在一个文件中定义一个全局变量 n，主函数 main( )，在另一个文件中定义函数 fn1( )，在 main( )中对 n 赋值，再调用 fn1( )，在 fn1()中也对 n 赋值，显示 n 最后的值。

解：

```
#include <iostream>
using namespace std;

#include "fn1.h"
```

```
int n;
int main()
{
    n=20;
    fn1();
    cout<<"n 的值为" <<n;
    return 0;
}

//fn1.h 文件
extern int n;

void fn1()
{
    n=30;
}
```

程序运行输出：

```
n 的值为 30
```

5-12 在函数 fn1( )中定义一个静态变量 n，fn1( )中对 n 的值加 1，在主函数中，调用 fn1( )10 次，显示 n 的值。

解：

```
#include <iostream>
using namespace std;

void fn1()
{
    static int n=0;
    n++;
    cout<<"n 的值为"<<n <<endl;
}

int main()
{
    for(int i=0; i<10; i++)
        fn1();
    return 0;
}
```

程序运行输出：

```
n的值为 1
n的值为 2
n的值为 3
n的值为 4
n的值为 5
n的值为 6
n的值为 7
n的值为 8
n的值为 9
n的值为 10
```

5-13 定义类X、Y、Z,函数h(X *),满足:类X有私有成员i,Y的成员函数g(X *)是X的友元函数,实现对X的成员i加1;类Z是类X的友元类,其成员函数f(X *)实现对X的成员i加5;函数h(X *)是X的友元函数,实现对X的成员i加10。在一个文件中定义和实现类,在另一个文件中实现main( )函数。

解:

```
#include "my_x_y_z.h"
int main()
{
    X x;
    Z z;
    z.f(&x);
    return 0;
}

//my_x_y_z.h 文件
#ifndef MY_X_Y_Z_H

class X;
class Y {
public:
    void g(X*);
};

class X
{
private:
    int i;
public:
    X(){i=0;}
    friend void h(X*);
    friend void Y:: g(X*);
    friend class Z;
};
```

```
void h(X * x) { x->i =+10; }

void Y:: g(X * x) { x->i ++; }

class Z {
public:
    void f(X * x) { x->i +=5; }
};

#endif          //MY_X_Y_Z_H
```

程序运行输出：

```
无
```

5-14 定义 Boat 与 Car 两个类，二者都有 weight 属性，定义二者的一个友元函数 getTotalWeight( )，计算二者的重量和。

解：源程序：

```
#include <iostream>
using namespace std;

class Boat;
class Car {
private:
    int weight;
public:
    Car(int j) {
        weight=j;
    }
    friend int getTotalWeight(Car &aCar, Boat &aBoat);
};

class Boat {
private:
    int weight;
public:
    Boat(int j) {
        weight=j;
    }
    friend int getTotalWeight(Car &aCar, Boat &aBoat);
};

int getTotalWeight(Car &aCar, Boat &aBoat) {
    return aCar.weight +aBoat.weight;
}
```

```
int main() {
    Car c1(4);
    Boat b1(5);

    cout<<getTotalWeight(c1, b1)<<endl;
    return 0;
}
```

程序运行输出：

```
9
```

5-15 在函数内部定义的普通局部变量和静态局部变量在功能上有何不同？计算机底层对这两类变量做了怎样的不同处理，导致了这种差异？

解：局部作用域中静态变量的特点是：它并不会随着每次函数调用而产生一个副本，也不会随着函数返回而失效，定义时未指定初值的基本类型静态生存期变量，会被以 0 值初始化；局部作用域中的全局变量诞生于声明点，结束于声明所在的块执行完毕之时，并且不指定初值意味着初值不确定。

普通局部变量存放于栈区超出作用域后，变量被撤销，其所占用的内存也被收回；静态局部变量存放于静态数据存储区，全局可见，但是作用域是局部作用域，超出作用域后变量仍然存在。

5-16 编译和连接这两个步骤的输入、输出分别是什么类型的文件？两个步骤的任务有什么不同？在以下几种情况下，在对程序进行编译、连接时是否会报错？会在哪个步骤报错？

（1）定义了一个函数 void f(int x, int y)，以 f(1)的形式调用。

（2）在源文件起始处声明了一个函数 void f(int x)，但未给出其定义，以 f(1)的形式调用。

（3）在源文件起始处声明了一个函数 void f(int x)，但未给出其定义，也未对其进行调用。

（4）在源文件 a.cpp 中定义了一个函数 void f(int x)，在源文件 b.cpp 中也定义了一个函数 void f(int x)，试图将两个源文件编译后连接在一起。

解：编译的输入文件是源文件，输出是目标文件；连接的输入文件是目标文件，输出是可执行文件。

编译器对源代码进行编译，是将以文本形式存在的源代码翻译为机器语言形式的目标文件的过程。连接是将各个编译单元的目标文件和运行库当中被调用过的单元加以合并后生成的可执行文件的过程。

（1）编译时报错，函数参数不匹配。

（2）连接错误，函数未定义。

（3）不报错。

（4）连接错误，函数重复定义。

第6章　数组、指针与字符串

主教材要点导读

本章介绍数组、指针与字符串。学习数组时首先要清楚它的用途，数组是用来存储和处理群体数据的一种数据结构。使用数组类型，需要清楚数组元素的存储方式、数组名、下标等概念。数组是由相同类型的元素组成的，其元素在内存中是连续存放的，数组名就是数组元素的首地址，是一个常量，而下标标志着元素在数组中的位置序号。需要注意的是数组下标从0开始，不是从1开始。由于数组的这种特性，访问数组元素时只要写出数组名和下标，系统就可以计算出该元素在内存中的位置，从而操作该元素。所以借助于数组可以通过循环语句按照某种规律依次处理大量数据。

C++语言的基本数据类型中没有字符串类型，本章介绍了用字符数组处理字符串的方法。这是从C语言延续过来的方法，但并不是一个好的方案，在C++程序中建议使用C++标准库的string类。

指针是C/C++的一个重要特点，也是学习的一个难点。要很好地理解和使用指针，首先需要对计算机的内存和内存地址等概念有所了解，要知道执行中的程序代码和当前使用的数据都是存放在内存中的。指向对象的指针是对象的地址，指向函数的指针是函数代码的地址。指向类的非静态成员的指针使用起来与一般指针略有不同，因为非静态成员是属于对象的，所以必须通过对象名来访问。

有了指针，使程序员有了更多的灵活性，同时也带来一些不安全因素，增加了程序出错的机会，因此除了在十分必要的情况下，程序中一般尽量不要使用指针。比如，访问数组元素既可以借助于下标也可以利用指针，通常用下标是比较好的选择。但是当需要进行动态内存分配时，就必须使用指针来存放内存地址了。应用动态内存分配技术，使程序可以有效地使用内存空间，但是当对象的成员指向动态分配的内存空间时，就需要为这个类编写具有深层复制功能的复制构造函数，还要在析构函数中记得释放动态分配的空间。

使用指针时，要特别注意避免空指针操作，也就是指针一定要先初始化再使用。使用数组时，要注意数组名是常量不能被赋值。下面是初学者很容易犯的错误：

```
char a[4], * p1, * p2;
cin>>p1;                        //错误,p1没有被初始化
p2=a;    cin>>p2;               //正确
a="abc";                        //错误,数组名不能被赋值
p1="abc";                       //正确,将字符串常量"abc"的首地址赋给p1
```

学习这一章时，要善于利用编译器的Debug功能观察指针变量中的地址值和该地址中的数据，观察数组中元素的排列，以及动态分配的内存空间中的数据。

实验6　数组、指针与字符串(4学时)

一、实验目的

(1) 学习使用数组数据对象。

(2) 学习字符串数据的组织和处理。

(3) 学习标准C++库的使用。

(4) 掌握指针的使用方法。

(5) 练习通过Debug观察指针的内容及其所指的对象的内容。

(6) 练习通过动态内存分配实现动态数组,并体会指针在其中的作用。

(7) 分别使用字符数组和标准C++库练习处理字符串的方法。

二、实验任务

(1) 编写并测试3×3矩阵转置函数,使用数组保存3×3矩阵。

(2) 使用动态内存分配生成动态数组来重新完成第(1)题,使用指针实现函数的功能。

(3) 编程实现两字符串的连接。要求使用字符数组保存字符串,不要使用系统函数。

(4) 使用string类声明字符串对象,重新实现第(3)题。

(5) 声明一个Employee类,其中包括姓名、街道地址、城市和邮编等属性,以及change_name( )和display( )等函数。display( )显示姓名、街道地址、城市和邮编等属性,change_name( )改变对象的姓名属性,实现并测试这个类。

(6) 声明包含5个元素的对象数组,每个元素都是Employee类型的对象。

(7) (选做)修改实验4中的选做实验中的people(人员)类。具有的属性如下:姓名char name[11]、编号char number[7]、性别char sex[3]、生日birthday、身份证号char id[16]。其中"出生日期"声明为一个"日期"类内嵌子对象。用成员函数实现对人员信息的录入和显示。要求包括:构造函数和析构函数、复制构造函数、内联成员函数、聚集。在测试程序中声明people类的对象数组,录入数据并显示。

三、实验步骤

(1) 编写矩阵转置函数,输入参数为3×3的整型数组,使用循环语句实现矩阵元素的行列对调,注意在循环语句中究竟需要对哪些元素进行操作,编写main( )函数实现输入、输出。程序名:lab6_1.cpp。

(2) 改写矩阵转置函数,参数为整型指针,使用指针对数组元素进行操作,在main( )函数中使用new操作符分配内存生成动态数组。通过调试观察指针的内容及其所指的对象中的内容。程序名:lab6_2.cpp。

(3) 编程实现两字符串的连接。声明字符数组保存字符串,在程序中提示用户输入两个字符串,实现两个字符串的连接,最后用cout语句显示输出。程序名:lab6_3.cpp。用cin实现输入,注意,字符串的结束标志是ASCII码0,使用循环语句进行字符串间的字符复制。

(4) 使用 string 类声明字符串对象，编程实现两个字符串的连接。在 string 类中已重载了运算符"+="实现字符串的连接，可以使用这个功能。程序名：lab6_4.cpp。

(5) 在 employee.h 文件中声明 Employee 类。Employee 类具有姓名、街道地址、城市和邮编等私有数据成员，都可以用字符型数组来表示，在成员函数中，构造函数用来初始化所有成员数组，对字符数组的赋值可以使用字符串复制函数 strcpy(char *, char * name)；display( )中使用 cout 显示姓名、街道地址、城市和邮编等属性，change_name( )改变类中表示姓名属性的字符数组类型的数据成员。在主程序中声明这个类的对象并对其进行操作。程序名：lab6_5.cpp。

(6) 使用第(5)题中的 Employee 类声明对象数组 emp[5]，使用循环语句把数据显示出来。程序名：lab6_6.cpp。

习题解答

6-1 数组 a[10][5][15]一共有多少个元素？

解：10×5×15=750 个元素。

6-2 在数组 a[20]中第一个元素和最后一个元素是哪一个？

解：第一个元素是 a[0]，最后一个元素是 a[19]。

6-3 用一条语句声明一个有 5 个元素的整型数组，并依次赋予 1～5 的初值。

解：源程序：

```
int integerArray[5]={ 1, 2, 3, 4, 5 };
```

或：

```
int integerArray[]={ 1, 2, 3, 4, 5 };
```

6-4 已知有一个数组名叫 oneArray，用一条语句求出其元素的个数。

解：源程序：

```
int nArrayLength=sizeof(oneArray) / sizeof(oneArray[0]);
```

6-5 用一条语句声明一个有 5×3 个元素的二维整型数组，并依次赋予 1～15 的初值。

解：源程序：

```
int theArray[5][3]={ 1,2,3,4,5,6,7,8,9,10,11,12,13,14,15 };
```

或：

```
int theArray[5][3]={ {1,2,3}, {4,5,6}, {7,8,9}, {10,11,12},{13,14,15} };
```

6-6 运算符"*"和"&"的作用是什么？

解：* 称为指针运算符，是一个一元操作符，表示指针所指向的对象的值；& 称为取地址运算符，也是一个一元操作符，是用来得到一个对象的地址。

6-7 什么叫作指针？指针中存储的地址和这个地址中的值有何区别？

解：指针是一种数据类型，具有指针类型的变量称为指针变量。指针变量存放的是另外一个对象的地址，这个地址中的值就是另一个对象的内容。

6-8 声明一个 int 型指针，用 new 语句为其分配包含 10 个元素的地址空间。

解：源程序：

```
int * pInteger=new int[10];
```

6-9 在字符串"Hello,world!"中结束符是什么？

解：是'\0'字符。

6-10 声明一个有 5 个元素的 int 型数组，在程序中提示用户输入元素值，最后再在屏幕上显示出来。

解：源程序：

```
#include <iostream>
using namespace std;

int main()
{
    int myArray[5];
    int i;
    for ( i=0; i<5; i++)
    {
    cout<<"Value for myArray["<<i<<"]: ";
        cin>>myArray[i];
    }
    for (i=0; i<5; i++)
        cout<<i<<": "<<myArray[i]<<endl;
    return 0;
}
```

程序运行输出：

```
Value for myArray[0]:    2
Value for myArray[1]:    5
Value for myArray[2]:    7
Value for myArray[3]:    8
Value for myArray[4]:    3
0: 2
1: 5
2: 7
3: 8
4: 3
```

6-11 引用和指针有何区别？何时只能使用指针而不能使用引用？

解：引用是一个别名，不能为 NULL 值，不能被重新分配；指针是一个存放地址的变量。当需要对变量重新赋以另外的地址或赋值为 NULL 时只能使用指针。

6-12 声明下列指针：float 类型变量的指针 pfloat，char 类型的指针 pstr 和 struct Customer 型的指针 pcus。

解：

```
float * pfloat;
char * pstr;
struct customer * pcus;
```

6-13 给定 float 类型的指针 fp，写出显示 fp 所指向的值的输出流语句。

解：

```
cout<<"Value=="<< * fp;
```

6-14 在程序中声明一个 double 类型变量的指针，分别显示指针占了多少字节和指针所指的变量占了多少字节。

解：

```
double * counter;
cout<<"\nSize of pointer=="<<sizeof(counter);
cout<<"\nSize of addressed value=="<<sizeof( * counter);
```

6-15 const int * p1 和 int * const p2 的区别是什么？

解：const int * p1 声明了一个指向整型常量的指针 p1，因此不能通过指针 p1 来改变它所指向的整型值；int * const p2 声明了一个指针型常量，用于存放整型变量的地址，这个指针一旦初始化后，就不能被重新赋值了。

6-16 声明一个 int 型变量 a，一个 int 型指针 p，一个引用 r，通过 p 把 a 的值改为 10，通过 r 把 a 的值改为 5。

解：

```
int a;
int * p=&a;
int &r=a;
* p=10;
r=5;
```

6-17 下列程序有何问题？请仔细体会使用指针时应避免出现这样的问题。

```
#include <iostream>
using namespace std;
int main()
{
    int * p;
    * p=9;
    cout<< "The value at p: "<< * p;
return 0;
}
```

解：指针 p 没有初始化，也就是没有指向某个确定的内存单元，它指向内存中的一个随机地址，给这个随机地址赋值是非常危险的。

6-18 下列程序有何问题？请改正。仔细体会使用指针时应避免出现这样的问题。

```
#include <iostream>
using namespace std;
int fn1();
int main()
{
    int a=fn1();
    cout<<"the value of a is: "<<a;
    return 0;
}

int fn1()
{
    int * p=new int (5);
    return * p;
}
```

解：此程序中给 * p 分配的内存没有被释放掉。

改正：

```
#include <iostream>
using namespace std;
int * fn1();
int main()
{
    int * a=fn1();
    cout<<"the value of a is: "<< * a;
    delete a;
    return 0;
}

int * fn1()
{
    int * p=new int (5);
    return p;
}
```

6-19 声明一个参数为整型，返回值为长整型的函数指针；声明类 A 的一个成员函数指针，其参数为整型，返回值为长整型。

解：

```
long ( * p_fn1) (int);
long ( A:: * p_fn2) (int);
```

6-20 实现一个名为 SimpleCircle 的简单圆类，其数据成员 int * itsRadius 为一个指向其半径值的指针，设计对数据成员的各种操作，给出这个类的完整实现并测试这个类。

解：源程序：

```
#include <iostream>
using namespace std;

class SimpleCircle
{
public:
    SimpleCircle();
    SimpleCircle(int);
    SimpleCircle(const SimpleCircle &);
    ~SimpleCircle() {}

        void setRadius(int);
    int getRadius() const;

private:
    int * itsRadius;
};

SimpleCircle:: SimpleCircle()
{
    itsRadius=new int(5);
}

SimpleCircle:: SimpleCircle(int radius)
{
    itsRadius=new int(radius);
}

SimpleCircle:: SimpleCircle(const SimpleCircle & rhs)
{
    int val=rhs.getRadius();
    itsRadius=new int(val);
}

int SimpleCircle:: getRadius() const
{
    return * itsRadius;
}
int main()
{
    SimpleCircle CircleOne, CircleTwo(9);
    cout<<"CircleOne: "<<CircleOne.getRadius()<<endl;
    cout<<"CircleTwo: "<<CircleTwo.getRadius()<<endl;
    return 0;
}
```

程序运行输出：

```
CircleOne: 5
CircleTwo: 9
```

6-21 编写一个函数，统计一条英文句子中字母的个数，在主程序中实现输入输出。

解：源程序：

```
#include <iostream>
using namespace std;

int count(char * str)
{
    int i,num=0;
    for (i=0; str[i]; i++)
    {
        if ( (str[i]>='a' && str[i]<='z') || (str[i]>='A' && str[i]<='Z') )
            num++;
    }
    return num;
}

int main()
{
    char text[100];
    cout<<"输入一个英语句子: "<<endl;
    cin.getline(text, 100);
    cout<<"这个句子里有"<<count(text)<<"个字母。"<<endl;
}
```

程序运行输出：

```
输入一个英语句子:
It is very interesting!
这个句子里有 19 个字母。
```

6-22 编写函数 void reverse(string &s)，用递归算法使字符串 s 倒序。

解：源程序：

```
#include <iostream>
#include <string>
using namespace std;

string reverse(string& str) {
    if (str.length() >1) {
        string sub=str.substr(1, str.length() -2);
        return str.substr(str.length() -1, 1) +reverse(sub) +str.substr(0, 1);
```

```
    } else
        return str;
}

int main() {
    string str;
    cout<<"输入一个字符串: ";
    cin>>str;
    cout<<"原字符串为: "<<str<<endl;
    cout<<"倒序反转后为: "<<reverse(str)<<endl;
    return 0;
}
```

程序运行输出：

```
输入一个字符串: abcdefghijk
原字符串为: abcdefghijk
倒序反转后为: kjihgfedcba
```

6-23 设学生人数 $N=8$，提示用户输入 N 个人的考试成绩，然后计算他们的平均成绩并显示出来。

解：源程序：

```
#include <iostream>
#include <string>
using namespace std;

#define    N    8

float    grades[N];         //存放成绩的数组

int main()
{
    int    i;
    float    total,average;

    //提示输入成绩
    for(i=0; i<N; i++)
    {
        cout<<"Enter grade #" <<(i +1)<<": ";
        cin>>grades[i];
    }

    total=0;
    for (i=0; i<N; i++)
        total +=grades[i];
```

```
    average=total / N;
    cout<<"\nAverage grade: "<<average<<endl;
    return 0;
}
```

程序运行输出：

```
Enter grade #1: 86
Enter grade #2: 98
Enter grade #3: 67
Enter grade #4: 80
Enter grade #5: 78
Enter grade #6: 95
Enter grade #7: 78
Enter grade #8: 56

Average grade: 79.75
```

6-24 基于 char * 设计一个字符串类 MyString，具有构造函数、析构函数、复制构造函数、重载运算符"+""=""=""[]"，尽可能完善它，使之能满足各种需要（运算符重载功能为选做，参见第 8 章）。

解：

```
#include <iostream>
#include <string>
using namespace std;

class MyString {
public:
    MyString();
    MyString(const char * const );
    MyString(const MyString &);
    ~MyString();

    char & operator[](unsigned short offset);
    char operator[](unsigned short offset) const;
    MyString operator+ (const MyString&);
    void operator+=(const MyString&);
    MyString & operator= (const MyString &);

    unsigned short getLen() const {
        return itsLen;
    }
    const char * getMyString() const {
        return itsMyString;
    }
```

```
private:
    MyString(unsigned short);           //private constructor
    char * itsMyString;
    unsigned short itsLen;
};

MyString:: MyString() {
    itsMyString=new char[1];
    itsMyString[0]='\0';
    itsLen=0;
}

MyString:: MyString(unsigned short len) {
    itsMyString=new char[len+1];
    for (unsigned short i=0; i<=len; i++)
        itsMyString[i]='\0';
    itsLen=len;
}

MyString:: MyString(const char * const cMyString) {
    itsLen=strlen(cMyString);
    itsMyString=new char[itsLen +1];
    for (unsigned short i=0; i<itsLen; i++)
        itsMyString[i]=cMyString[i];
    itsMyString[itsLen]='\0';
}

MyString:: MyString(const MyString & rhs) {
    itsLen=rhs.getLen();
    itsMyString=new char[itsLen +1];
    for (unsigned short i=0; i<itsLen; i++)
        itsMyString[i]=rhs[i];
    itsMyString[itsLen]='\0';
}

MyString:: ~MyString() {
    delete[] itsMyString;
    itsLen=0;
}

MyString& MyString:: operator=(const MyString & rhs) {
    if (this==&rhs)
        return * this;
    delete[] itsMyString;
```

```
    itsLen=rhs.getLen();
    itsMyString=new char[itsLen +1];
    for (unsigned short i=0; i<itsLen; i++)
        itsMyString[i]=rhs[i];
    itsMyString[itsLen]='\0';
    return * this;
}

char & MyString:: operator[](unsigned short offset) {
    if (offset >itsLen)
        return itsMyString[itsLen -1];
    else
        return itsMyString[offset];
}

char MyString:: operator[](unsigned short offset) const {
    if (offset >itsLen)
        return itsMyString[itsLen -1];
    else
        return itsMyString[offset];
}

MyString MyString:: operator+(const MyString& rhs) {
    unsigned short totalLen=itsLen +rhs.getLen();
    MyString temp(totalLen);
    unsigned short i=0;
    for (i=0; i<itsLen; i++)
        temp[i]=itsMyString[i];
    for (unsigned short j=0; j<rhs.getLen(); j++, i++)
        temp[i]=rhs[j];
    temp[totalLen]='\0';
    return temp;
}

void MyString:: operator+=(const MyString& rhs) {
    unsigned short rhsLen=rhs.getLen();
    unsigned short totalLen=itsLen +rhsLen;
    MyString temp(totalLen);
    unsigned short i=0;
    for (i=0; i<itsLen; i++)
        temp[i]=itsMyString[i];
    for (unsigned short j=0; j<rhs.getLen(); j++, i++)
        temp[i]=rhs[i -itsLen];
    temp[totalLen]='\0';
    * this=temp;
```

```
}

int main() {
    MyString s1("initial test");
    cout<<"S1: \t"<<s1.getMyString()<<endl;

    char * temp="Hello World";
    s1=temp;
    cout<<"S1: \t"<<s1.getMyString()<<endl;

    char tempTwo[20];
    strcpy(tempTwo, "; nice to be here!");
    s1 +=tempTwo;
    cout<<"tempTwo: \t"<<tempTwo<<endl;
    cout<<"S1: \t"<<s1.getMyString()<<endl;

    cout<<"S1[4]: \t"<<s1[4]<<endl;
    s1[4]='x';
    cout<<"S1: \t"<<s1.getMyString()<<endl;

    cout<<"S1[999]: \t"<<s1[999]<<endl;

    MyString s2(" Another myString");
    MyString s3;
    s3=s1 +s2;
    cout<<"S3: \t"<<s3.getMyString()<<endl;
    MyString s4;
    s4="Why does this work? ";
    cout<<"S4: \t"<<s4.getMyString()<<endl;
    return 0;
}
```

程序运行输出：

```
S1:     initial test
S1:     Hello World
tempTwo:     ; nice to be here!
S1:     Hello World; nice to be here!
S1[4]:     o
S1:     Hellx World; nice to be here!
S1[999]:     !
S3:     Hellx World; nice to be here! Another myString
S4:     Why does this work?
```

6-25 编写一个 3×3 矩阵转置的函数，在 main( )函数中输入数据。

解：

```
#include <iostream>
using namespace std;

void move (int matrix[3][3])
{
    int i, j, k;
    for(i=0; i<3; i++)
        for (j=0; j<i; j++)
        {
            k=matrix[i][j];
            matrix[i][j]=matrix[j][i];
            matrix[j][i]=k;
        }
}

int main()
{
    int i, j;
    int data[3][3];
    cout<<"输入矩阵的元素"<<endl;
    for(i=0; i<3; i++)
        for (j=0; j<3; j++)
        {
            cout<<"第"<<i+1<<"行第"<<j+1
                <<"个元素为: ";
            cin>>data[i][j];
        }
        cout<<"输入的矩阵为: "<<endl;
        for(i=0; i<3; i++)
        {
            for (j=0; j<3; j++)
                cout<<data[i][j]<<" ";
            cout<<endl;
        }
        move(data);
        cout<<"转置后的矩阵为: "<<endl;
        for(i=0; i<3; i++)
        {
            for (j=0; j<3; j++)
                cout<<data[i][j]<<" ";
            cout<<endl;
        }
```

```
    return 0;
}
```

程序运行输出：

```
输入矩阵的元素
第 1 行第 1 个元素为：1
第 1 行第 2 个元素为：2
第 1 行第 3 个元素为：3
第 2 行第 1 个元素为：4
第 2 行第 2 个元素为：5
第 2 行第 3 个元素为：6
第 3 行第 1 个元素为：7
第 3 行第 2 个元素为：8
第 3 行第 3 个元素为：9
输入的矩阵为：
1 2 3
4 5 6
7 8 9
转置后的矩阵为：
1 4 7
2 5 8
3 6 9
```

6-26 编写一个矩阵转置的函数，矩阵的行数和列数在程序中由用户输入。

解：

```
#include <iostream>
using namespace std;
void move (int * matrix ,int n)
{
    int i, j, k;
    for(i=0; i<n; i++)
        for (j=0; j<i; j++)
        {
            k= * (matrix +i * n +j);
            * (matrix +i * n +j)= * (matrix +j * n +i);
            * (matrix +j * n +i)=k;
        }
}
int main()
{
    int n, i, j;
    int * p;
    cout<<"请输入矩阵的行、列数：";
    cin>>n;
```

```
    p=new int[n*n];
    cout<<"输入矩阵的元素"<<endl;
    for(i=0; i<n; i++)
        for (j=0; j<n; j++)
        {
            cout<<"第"<<i+1<<"行第"<<j+1
            <<"个元素为: ";
            cin>>p[i*n+j];
        }
    cout<<"输入的矩阵为: "<<endl;
    for(i=0; i<n; i++)
    {
        for (j=0; j<n; j++)
            cout<<p[i*n+j]<<" ";
        cout<<endl;
    }
    move(p, n);
    cout<<"转置后的矩阵为: "<<endl;
    for(i=0; i<n; i++)
    {
        for (j=0; j<n; j++)
            cout<<p[i*n+j]<<" ";
        cout<<endl;
    }
    return 0;
}
```

程序运行输出：

```
请输入矩阵的行、列数: 3
输入矩阵的元素
第 1 行第 1 个元素为: 1
第 1 行第 2 个元素为: 2
第 1 行第 3 个元素为: 3
第 2 行第 1 个元素为: 4
第 2 行第 2 个元素为: 5
第 2 行第 3 个元素为: 6
第 3 行第 1 个元素为: 7
第 3 行第 2 个元素为: 8
第 3 行第 3 个元素为: 9
输入的矩阵为:
1 2 3
4 5 6
7 8 9
转置后的矩阵为:
1 4 7
2 5 8
3 6 9
```

6-27 定义一个 Employee 类，其中属性包括姓名、地址、城市和邮编，函数包括 setName( )和 display( )。display( )使用 cout 语句显示姓名、地址、城市和邮编属性，函数 setName( )改变对象的姓名属性，实现并测试这个类。

解：源程序：

```
#include <iostream>
#include <string>
using namespace std;

class Employee
{
private:
    char name[30];
    char street[30];
    char city[18];
    char zip[6];
public:
    Employee(char * n, char * str, char * ct, char * z);
    void setName(char * n);
    void display();
};

Employee:: Employee (char * n,char * str,char * ct, char * z)
{
    strcpy(name, n);
    strcpy(street, str);
    strcpy(city, ct);
    strcpy(zip, z);
}

void Employee:: setName (char * n)
{
    strcpy(name, n);
}

void Employee:: display ()
{
    cout<<name<<"\t"<<street<<"\t";
    cout<<city <<"\t"<<zip;
}

int main()
{
    Employee e1("张三","平安大街 3 号", "北京", "100000");
    e1.display();
```

```
    cout<<endl;
    e1.setName("李四");
    e1.display();
    cout<<endl;
    return0;
}
```

程序运行输出：

```
张三 平安大街 3 号 北京 100000
李四 平安大街 3 号 北京 100000
```

6-28 分别将例 6-10 程序和例 6-16 程序中对指针的所有使用都改写为与之等价的引用形式，比较修改前后的程序，体会在哪些情况下使用指针更好，哪些情况下使用引用更好。

解：

```
#include <iostream>
using namespace std;

//将实数 x 分成整数部分和小数部分,形参 intpart、fracpart 是引用
void splitFloat(float x, int &intPart, float &fracPart) {
    intPart=static_cast<int>(x);                        //取 x 的整数部分
    fracPart=x -intPart;                                //取 x 的小数部分
}

int main() {
    cout<<"Enter 3 float point numbers: "<<endl;
    for(int i=0; i<3; i++) {
        float x, f;
        int n;
        cin>>x;
        splitFloat(x, n, f);                            //变量地址作为实参
        cout<<"Integer Part="<<n<<" Fraction Part="<<f<<endl;
    }
    return 0;
}

//6_16.cpp
#include <iostream>
using namespace std;
class Point {
public:
    Point(): x(0), y(0) {
```

```
        cout<<"Default Constructor called."<<endl;
        }
        Point(int x, int y): x(x), y(y) {
        cout<<"Constructor called."<<endl;
        }
        ~Point() { cout<<"Destructor called."<<endl; }
        int getX() const { return x; }
        int getY() const { return y; }
        void move(int newX, int newY) {
        x=newX;
        y=newY;
        }
    private:
        int x, y;
    };

    int main() {
        cout<<"Step one: "<<endl;
        Point &ptr1= * new Point;       //动态创建对象,没有给出参数列表,因此调用默认构造函数
        delete &ptr1;                   //删除对象,自动调用析构函数
        cout<<"Step two: "<<endl;
        ptr1= * new Point(1,2);         //动态创建对象,并给出参数列表,因此调用有形参的构造函数
        delete &ptr1;                   //删除对象,自动调用析构函数
        return 0;
    }
```

6-29 运行下面的程序,观察执行结果,指出该程序是如何通过指针造成安全性问题的?思考如何避免这种情况的发生:

```
#include <iostream>
using namespace std;
int main() {
    int arr[]={ 1, 2, 3 };
    double * p=reinterpret_cast<double * >(&arr[0]);
    * p=5;
    cout<<arr[0]<<" "<<arr[1]<<" "<<arr[2]<<endl;
    return 0;
}
```

解:在 32 位平台下,一般 int 是 4 字节,double 是 8 字节,代码第 5、6 行强制转换后的赋值过程中修改了 arr[0],arr[1]的内存空间,因此导致 arr[1]的非预期输出。避免这种情况的措施:①尽量避免使用类型转换。②必须使用类型转换时,尽量开辟新的内存空间,在新内存空间中完成转换。③必须使用原有内存空间时,要特别注意各种数据类型在不同平台下的内存占用大小。

6-30 static_cast、const_cast 和 reinterpret_cast 各自应在哪些情况下使用？

解：static_cast 运算符实现类型间的转换，但没有运行时类型检查来保证转换的安全性。

const_cast 运算符用来修改类型的 const 或 volatile 属性。可以去除对象或者变量的 const 或 volatile 属性。

reinterpret_cast 可以把一个指针转换成一个整数，也可以把一个整数转换成一个指针。

第7章　类的继承

主教材要点导读

本章介绍类的继承关系，与类的组合关系相似类的继承也是为了代码重用。

使用继承首先要理解继承关系的含义，当需要重用一个类的代码时要区别该问题应该使用类的组合关系还是类的继承关系来描述，通常可以用“是一种”来检验类之间是否应存在继承关系。例如，汽车是一种交通工具，因此“汽车”类可以继承“交通工具”类。虽然在构成“汽车”类时需要利用“车轮”类，但是“汽车”与“车轮”之间不存在上述关系，而存在整体与部件的关系，因此用类的组合为宜。

在使用继承关系的时候，从基类继承的成员的访问控制属性需要特别注意，初学时不太容易记住。首先要明确从基类继承的成员的访问控制属性受两方面因素的影响：一是成员在基类中原来声明的访问控制属性，二是继承方式。

很多读者学习本章时都有这样的疑问：分别在什么情况下使用公有继承、保护继承、私有继承？简单来说，如果希望基类的成员被继承过来以后与派生类的成员一样，就用公有继承。如果只希望派生类的成员及其子类能方便地访问从基类继承的成员，不希望类外的函数访问这些成员，可以用保护继承。如果希望基类的成员被继承以后都变成私有的，就用私有继承。无论用哪种继承方式，基类的私有成员被继承以后都不能被直接访问。对待比较简单的问题，像这样选择就可以了，对于复杂系统的开发，需要有更多的考虑，那是系统设计的任务。

运用继承关系时，构造函数和析构函数的特性也是一个重要方面。要注意，基类的构造函数和析构函数都不被继承，但是在建立派生类对象时基类的构造函数会首先被自动调用，派生类对象消亡时，最后会自动调用基类的析构函数。派生类的构造函数要负责为基类的构造函数传递参数，否则基类的默认构造函数会自动被调用。当同时继承多个基类且有对象成员时，要清楚构造函数的调用次序是先调用基类的构造函数，再调用对象成员所在类的构造函数，最后执行派生类的构造函数体，析构函数的执行次序相反。为了观察对象的构造、析构过程，可以在构造、析构函数中输出相应信息，或者利用调试工具跟踪程序流程。

在多继承的情况下，如果存在公共基类，就会出现成员标识二义性的问题，这时将公共基类作为虚基类继承是一个比较好的解决方案。

本章最后一节的应用实例有助于读者对类的继承和虚基类的理解，建议读者阅读该程序以后尝试添加更多的功能。

实验7　类的继承(4学时)

一、实验目的

(1) 学习声明和使用类的继承关系，声明派生类。

(2) 熟悉不同继承方式下对基类成员的访问控制。

(3) 学习利用虚基类解决二义性问题。

二、实验任务

(1) 声明一个基类 Animal,有私有整型成员变量 age,构造其派生类 dog,在其成员函数 SetAge(int n)中直接给 age 赋值,看看会有什么问题,把 age 改为公有成员变量,还会有问题吗? 编程试试看。

(2) 声明一个基类 BaseClass,有整型成员变量 Number,构造其派生类 DerivedClass,观察构造函数和析构函数的执行情况。

(3) 声明一个车(vehicle)基类,具有 MaxSpeed、Weight 等成员变量,Run、Stop 等成员函数,由此派生出自行车(bicycle)类、汽车(motorcar)类。自行车(bicycle)类有高度(Height)等属性,汽车(motorcar)类有座位数(SeatNum)等属性。从 bicycle 和 motorcar 派生出摩托车(motorcycle)类,在继承过程中,注意把 vehicle 设置为虚基类。如果不把 vehicle 设置为虚基类,会有什么问题? 编程试试看。

(4) (选做)从实验 6 中的 people(人员)类派生出 student(学生)类,添加属性:班号 char classNO[7];从 people 类派生出 teacher(教师)类,添加属性:职务 char principalship[11]、部门 char department[21]。从 student 类中派生出 graduate(研究生)类,添加属性:专业 char subject[21]、导师 teacher adviser;从 graduate 类和 teacher 类派生出 TA(助教生)类,注意虚基类的使用。重载相应的成员函数,测试这些类。类之间的关系如图 7-1 所示。

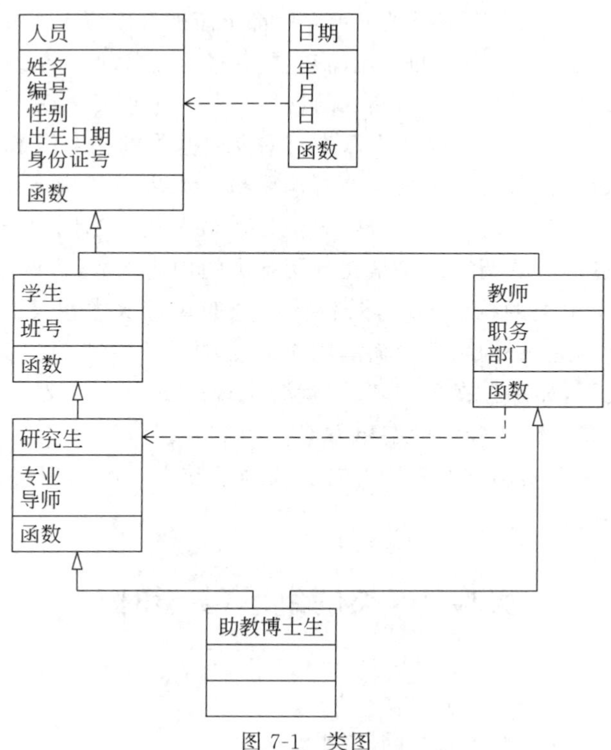

图 7-1 类图

三、实验步骤

（1）编写程序声明基类 Animal，成员变量 age 声明为私有的。构造派生类 dog，在其成员函数 SetAge(int n)中直接对 age 赋值时，会出现类似以下的错误提示：

```
error C2248: 'age': cannot access private member declared in class 'Animal'
error C2248: 'age': cannot access private member declared in class 'Animal'
```

把 age 改为公有成员变量后重新编译就可以了。程序名：lab7_1.cpp。

（2）编写程序声明一个基类 BaseClass，构造其派生类 DerivedClass，在构造函数和析构函数中用 cout 输出提示信息，观察构造函数和析构函数的执行情况。程序名：lab7_2.cpp。

（3）用调试功能跟踪程序 lab7_2 的执行过程，观察基类和派生类的构造函数和析构函数的执行情况。

（4）编写程序声明一个车（vehicle）基类，由此派生出自行车（bicycle）类、汽车（motorcar）类，注意把 vehicle 派生为虚基类。再从 bicycle 和 motorcar 派生出摩托车（motorcycle）类，在 main( )函数中测试这个类。程序名：lab7_3.cpp。

（5）编译成功后，把 vehicle 设置为非虚基类，再编译一次，此时系统报错，无法编译成功。这是因为若不把 vehicle 设置为虚基类，会出现二义性错误，程序不能成功编译。

习题解答

7-1 比较类的三种继承方式 public（公有继承）、protected（保护继承）、private（私有继承）之间的差别。

解：不同的继承方式，导致不同访问属性的基类成员在派生类中的访问属性也有所不同：

公有继承，使得基类 public（公有）和 protected（保护）成员的访问属性在派生类中不变，而基类 private（私有）成员不可访问。

私有继承，使得基类 public（公有）和 protected（保护）成员都以 private（私有）成员身份出现在派生类中，而基类 private（私有）成员不可访问。

保护继承中，基类 public（公有）和 protected（保护）成员都以 protected（保护）成员身份出现在派生类中，而基类 private（私有）成员不可访问。

7-2 派生类构造函数执行的次序是怎样的？

解：派生类构造函数执行的一般次序为：调用基类构造函数；调用成员对象的构造函数；调用派生类的构造函数体中的内容。

7-3 如果派生类 B 已经重载了基类 A 的一个成员函数 fn1()，没有重载基类的成员函数 fn2()，如何在派生类的函数中调用基类的成员函数 fn1()，fn2()？

解：调用方法为：

```
A::fn1();
fn2();
```

7-4 什么叫虚基类？它有何作用？

解：当某类的部分或全部直接基类是从另一个基类派生而来，这些直接基类中，从上一级基类继承来的成员就拥有相同的名称，派生类的对象的这些同名成员在内存中同时拥有多个拷贝，我们可以使用作用域分辨符来唯一标识并分别访问它们。我们也可以将直接基类的共同基类设置为虚基类，这时从不同的路径继承过来的该类成员在内存中只拥有一个拷贝，这样就解决了同名成员的唯一标识问题。

虚基类的声明是在派生类的声明过程中，其语法格式为：

class 派生类名：virtual 继承方式　基类名

上述语句声明基类为派生类的虚基类，在多继承情况下，虚基类关键字的作用范围和继承方式关键字相同，只对紧跟其后的基类起作用。声明了虚基类之后，虚基类的成员在进一步派生过程中，和派生类一起维护一个内存数据拷贝。

7-5　定义一个哺乳动物类 Mammal，再由此派生出狗类 Dog，定义一个 Dog 类的对象，观察基类与派生类的构造函数与析构函数的调用顺序。

解：源程序：

```
#include <iostream>
using namespace std;
enum myColor {
    BLACK, WHITE
};
class Mammal {
public:
    //constructors
    Mammal();
    ~Mammal();

    //accessors
    int getAge() const {
        return itsAge;
    }
    void setAge(int age) {
        itsAge=age;
    }
    int getWeight() const {
        return itsWeight;
    }
    void setWeight(int weight) {
        itsWeight=weight;
    }

    //Other methods
    void speak() const {
        cout<<"Mammal sound!\n";
    }
```

```
protected:
    int itsAge;
    int itsWeight;
};

class Dog: public Mammal {
public:
    Dog();
    ~Dog();

    myColor getColor() const {
        return itsColor;
    }
    void setColor(myColor color) {
        itsColor=color;
    }

    void wagTail() {
        cout<< "Tail wagging...\n";
    }

private:
    myColor itsColor;
};

Mammal:: Mammal():
    itsAge(1), itsWeight(5) {
    cout<< "Mammal constructor...\n";
}

Mammal:: ~Mammal() {
    cout<< "Mammal destructor...\n";
}

Dog:: Dog():
    itsColor(WHITE) {
    cout<< "Dog constructor...\n";
}

Dog:: ~Dog() {
    cout<< "Dog destructor...\n";
}
int main() {
    Dog jack;
```

```
    jack.speak();
    jack.wagTail();
    cout<<" jack is "<<jack.getAge()<<" years old\n";

    return 0;
}
```

程序运行输出：

```
Mammal constructor...
Dog constructor...
Mammal sound!
Tail wagging...
jack is 1 years old
Dog destructor...
Mammal destructor...
```

7-6 定义一个基类及其派生类，在构造函数中输出提示信息，构造派生类的对象，观察构造函数的执行情况。

解：

```
#include <iostream>
using namespace std;

class BaseClass
{
public:
    BaseClass();
};

BaseClass:: BaseClass()
{
    cout<<"构造基类对象!"<<endl;

}

class DerivedClass: public BaseClass
{
public:
    DerivedClass();
};

DerivedClass:: DerivedClass()
{
    cout<<"构造派生类对象!"<<endl;
}
```

```
int main()
{
    DerivedClass d;
    return 0;
}
```

程序运行输出：

```
构造基类对象！
构造派生类对象！
```

7-7 定义一个 Document 类，有数据成员 name，从 Document 派生出 Book 类，增加数据成员 pageCount。

解：

```
#include <iostream>
#include <string>
using namespace std;

class Document {
public:
    Document() {
    }
    Document(char * nm);
    char * name;                                    //Document name.
    void PrintNameOf();                             //Print name.
};
Document:: Document(char * nm) {
    name=new char[strlen(nm) +1];
    strcpy(name, nm);
};
void Document:: PrintNameOf() {
    cout<<name<<endl;
}

class Book: public Document {
public:
    Book(char * nm, long pagecount);
    void PrintNameOf();
private:
    long pageCount;
};
Book:: Book(char * nm, long pagecount):
    Document(nm) {
```

```
    pageCount=pagecount;
}
void Book:: PrintNameOf() {
    cout<<"Name of book: ";
    Document:: printNameOf();
}

int main() {
    Document a("Document1");
    Book b("Book1", 100);
    b.printNameOf();
    return 0;
}
```

程序运行输出：

```
Name of book: Book1
```

7-8 定义一个基类 Base，有两个公有成员函数 fn1()，fn2()，私有派生出 Derived 类，如何通过 Derived 类的对象调用基类的函数 fn1()？

解：

```
class Base
{
public:
    int fn1() const { return 1; }
    int fn2() const { return 2; }

};

class Derived: private Base
{
public:
    int fn1() { return Base:: fn1();};
    int fn2() { return Base:: fn2();};
};

int main()
{
    Derived a;
    a.fn1();
    return 0;
}
```

7-9 定义一个 Object 类，有数据成员 weight 及相应的操作函数，由此派生出 Box 类，增加数据成员 height 和 width 及相应的操作函数，声明一个 Box 对象，观察构造函数与析构函数的调用顺序。

解：

```
#include <iostream>
using namespace std;

class Object {
private:
    int weight;
public:
    Object() {
        cout<<"构造 Object 对象"<<endl;
        weight=0;
    }
    int getWeight() {
        return weight;
    }
    void setWeight(int n) {
        weight=n;
    }
    ~Object() {
        cout<<"析构 Object 对象"<<endl;
    }
};

class Box: public Object {
private:
    int height, width;
public:
    Box() {
        cout<<"构造 Box 对象"<<endl;
        height=width=0;
    }
    int getHeight() {
        return height;
    }
    void setHeight(int n) {
        height=n;
    }
    int getWidth() {
        return width;
    }
    void setWidth(int n) {
        width=n;
    }
```

```
    ~Box() {
        cout<<"析构 Box 对象"<<endl;
    }
};

int main() {
    Box a;
    return 0;
}
```

程序运行输出：

```
构造 object 对象
构造 box 对象
析构 box 对象
析构 object 对象
```

7-10 定义一个基类 BaseClass，从它派生出类 DerivedClass，BaseClass 有成员函数 fn1( )，fn2( )，DerivedClass 也有成员函数 fn1( )，fn2( )，在主函数中声明一个 DerivedClass 的对象，分别用 DerivedClass 的对象以及 BaseClass 和 DerivedClass 的指针来调用 fn1( )，fn2( )，观察运行结果。

解：

```
#include <iostream>
using namespace std;

class BaseClass
{
public:
    void fn1();
    void fn2();
};
void BaseClass:: fn1()
{
    cout<<"调用基类的函数 fn1()"<<endl;
}
void BaseClass:: fn2()
{
    cout<<"调用基类的函数 fn2()"<<endl;
}


class DerivedClass: public BaseClass
{
public:
    void fn1();
```

```
    void fn2();
};
void DerivedClass:: fn1()
{
    cout<<"调用派生类的函数 fn1()"<<endl;
}

void DerivedClass:: fn2()
{
    cout<<"调用派生类的函数 fn2()"<<endl;
}

int main()
{
    DerivedClass aDerivedClass;
    DerivedClass * pDerivedClass=&aDerivedClass;
    BaseClass    * pBaseClass   =&aDerivedClass;

    aDerivedClass.fn1();
    aDerivedClass.fn2();
    pBaseClass->fn1();
    pBaseClass->fn2();
    pDerivedClass->fn1();
    pDerivedClass->fn2();
    return 0;
}
```

程序运行输出：

```
调用派生类的函数 fn1()
调用派生类的函数 fn2()
调用基类的函数 fn1()
调用基类的函数 fn2()
调用派生类的函数 fn1()
调用派生类的函数 fn2()
```

7-11 组合与继承有什么共同点和差异？通过组合生成的类与被组合的类之间的逻辑关系是什么？继承呢？

解：组合和继承它们都使得已有对象成为新对象的一部分，从而达到代码复用的目的。组合和继承其实反映了两种不同的对象关系。

组合反映的是“有一个”(has-a)的关系，如果类 B 中存在一个类 A 的内嵌对象，表示的是每一个 B 类型的对象都“有一个”A 类型的对象，A 类型的对象与 B 类型的对象是部分与整体的关系。

继承反映的是“是一个”(is-a)的关系，如果类 A 是类 B 的公有基类，那么这表示每一个 B 类型的对象都“是一个”A 类型的对象，B 类型的对象与 A 类型的对象是特殊与一般的关系。

7-12 思考例 7-6 和例 7-8 中 Derived 类的各个数据成员在 Derived 对象中存放的位置,编写程序输出它们各自的地址来验证自己的推断。

解:例 7-6 测试程序:

```
#include <iostream>
using namespace std;

class Base1 {                              //定义基类 Base1
public:
    int var;
    void fun() { cout<<"Member of Base1"<<endl; }
};

class Base2 {                              //定义基类 Base2
public:
    int var;
    void fun() { cout<<"Member of Base2"<<endl; }
};

class Derived: public Base1, public Base2 {              //定义派生类 Derived
public:
    int var;                                             //同名数据成员
    void fun() { cout<<"Member of Derived"<<endl; }      //同名函数成员
};

int main() {
    Derived d;
    cout<<"Base pointer: "<<&d<<endl;
    cout<<"Base1's var pointer: "<<&(d.Base1:: var)<<endl;
    cout<<"Base2's var pointer: "<<&(d.Base2:: var)<<endl;
    cout<<"Derived's var pointer: "<<&(d.var)<<endl;

    return 0;
}
```

例 7-8 测试程序:

```
#include <iostream>
using namespace std;

class Base0 {                                            //定义基类 Base0
public:
    int var0;
    void fun0() { cout<<"Member of Base0"<<endl; }
};
```

```
class Base1: virtual public Base0 {                         //定义派生类 Base1
public:                                                     //新增外部接口
    int var1;
};

class Base2: virtual public Base0 {                         //定义派生类 Base2
public:                                                     //新增外部接口
    int var2;
};

class Derived: public Base1, public Base2 {                 //定义派生类 Derived
public:                                                     //新增外部接口
    int var;
    void fun() { cout<<"Member of Derived"<<endl; }
};

int main() {
    Derived d;
    Base0 * p=&d;

    cout<<"Base pointer: "<<&d<<endl;
    cout<<"Base1's pointer value: "<<p<<endl;
    cout<<"Base1's var pointer: "<<&(d.Base1:: var1)<<endl;
    cout<<"Base2's var pointer: "<<&(d.Base2:: var2)<<endl;
    cout<<"Derived's var pointer: "<<&(d.var)<<endl;
    cout<<"Base1's Base0's var0 pointer: "<<&(d.Base1:: Base0:: var0)<<endl;
    cout<<"Base2's Base0's var0 pointer: "<<&(d.Base2:: Base0:: var0)<<endl;

    return 0;
}
```

7-13 基类与派生类的对象、指针或引用之间,哪些情况下可以隐含转换?哪些情况下可以显式转换?在涉及多重继承或虚继承的情况下,在转换时会面临哪些新问题?

解:派生类指针可以隐含转换为基类指针,而派生类指针要想转换为基类指针,则转换一定要显式地进行。对于引用来说,情况亦如此。基类对象一般无法被显式转换为派生类对象,而从派生类对象到基类对象的转换能够执行。在多重继承情况下,执行基类指针到派生类指针的显式转换时,有时需要将指针所存储的地址值进行调整后才能得到新指针的值,但是,如果 A 类型是 B 类型的虚拟基类,虽然 B 类型的指针可以隐含转换为 A 类型指针,但 A 类型指针却无法通过 static_cast 隐含转换为 B 类型的指针。

7-14 下面的程序能得到预期的结果吗?如何避免类似问题的发生?

```
#include <iostream>
using namespace std;
struct Base1 { int x; };
```

```
struct Base2 { float y; };
struct Derived: Base1, Base2 { };
int main() {
    Derived * pd=new Derived;
    pd->x=1; pd->y=2.0f;
    void * pv=pd;
    Base2 * pb=static_cast<Base2 * >(pv);
    cout<<pd->y<<" "<<pb->y<<endl;
    delete pb;
    return 0;
}
```

解：不能，派生类到基类的转换直接使用隐式转换。

```
#include <iostream>
using namespace std;
struct Base1 { int x; };
struct Base2 { float y; };
struct Derived: Base1, Base2 { };
int main() {
    Derived * pd=new Derived;
    pd->x=1; pd->y=2.0f;
    Base2 * pb=pd;
    cout<<pd->y<<" "<<pb->y<<endl;
    delete pd;
    return 0;
}
```

第8章　多　态　性

主教材要点导读

本章介绍多态性，多态是指同样的消息被不同类型的对象接收时导致不同的行为。

首先介绍的运算符重载，是一种静态多态机制，它与函数重载的道理是一样的。实际上“将操作表示为函数调用或是将操作表示为运算符之间没有什么根本差别”，这是 Bjarne Stroustup 在《C++语言的设计和演化》一书中说的。认识到这一点，编写运算符重载程序也就不是什么难事了。不过要注意的是，重载运算符是一种扩充语言的机制，而不是改变语言的机制。因此我们只能将已有的运算符重载作用于新的类，不能增加新的运算符，也不能将重载的运算符作用于基本数据类型，C++的语法对此都有严格的限制。

动态多态性是面向对象程序设计语言的重要特征，在 C++语言中是通过虚函数来实现的。请读者不要将虚函数与前一章讲的虚基类混淆，二者的作用是不同的。虚基类解决的是类成员标识二义性和信息冗余问题，而虚函数是实现动态多态性的基础。派生类对象可以初始化基类对象的引用，派生类对象的地址可以赋值给基类的指针，这意味着一个派生类的对象可以当作基类的对象来用。但是如果想要通过基类的指针和引用访问派生类对象的成员，就要使用虚函数，这便是多态。

很多情况下，基类中的虚函数是为了设计的目的而声明的，没有实现代码，这就是纯虚函数，其所在的类称为抽象类。抽象类是为后继所有派生类设计的同一抽象接口。

最后一节的应用实例，体现了多态性在实际应用中的作用。

实验8　多态性(2学时)

一、实验目的

(1) 掌握运算符重载的方法。

(2) 学习使用虚函数实现动态多态性。

二、实验任务

(1) 声明 Point 类，有坐标_x，_y 两个成员变量；对 Point 类重载“++”(自增)、“--”(自减)运算符，实现对坐标值的改变。

(2) 声明一个车(vehicle)基类，有 Run、Stop 等成员函数，由此派生出自行车(bicycle)类、汽车(motorcar)类，从 bicycle 和 motorcar 派生出摩托车(motorcycle)类，它们都有 Run、Stop 等成员函数。观察虚函数的作用。

(3) (选做)对实验 6 中的 people 类重载“==”运算符和“=”运算符，“==”运算符判断两个 people 类对象的 id 属性的大小；“=”运算符实现 people 类对象的赋值操作。

三、实验步骤

(1) 编写程序声明 Point 类，在类中声明整型的私有成员变量_x、_y，声明成员函数 Point& operator++()；Point operator++(int)；以实现对 Point 类重载"++"(自增)运算符，声明成员函数 Point& operator--()；Point operator--(int)；以实现对 Point 类重载"--"(自减)运算符，实现对坐标值的改变。程序名：lab8_1.cpp。

(2) 编写程序声明一个车(vehicle)基类，有 Run、Stop 等成员函数，由此派生出自行车(bicycle)类、汽车(motorcar)类，从 bicycle 和 motorcar 派生出摩托车(motorcycle)类，它们都有 Run、Stop 等成员函数。在 main()函数中声明 vehicle、bicycle、motorcar、motorcycle 的对象，调用其 Run()、Stop()函数，观察其执行情况。再分别用 vehicle 类型的指针来调用这几个对象的成员函数，看看能否成功；把 Run、Stop 声明为虚函数，再试试看。程序名：lab8_2.cpp。

习题解答

8-1 什么叫作多态性？在 C++ 语言中是如何实现多态的？

解：多态是指同样的消息被不同类型的对象接收时导致完全不同的行为，是对类的特定成员函数的再抽象。C++ 语言支持的多态有多种类型，重载(包括函数重载和运算符重载)和虚函数是其中主要的方式。

8-2 什么叫作抽象类？抽象类有何作用？抽象类的派生类是否一定要给出纯虚函数的实现？

解：带有纯虚函数的类是抽象类。抽象类的主要作用是通过它为一个类族建立一个公共的接口，使它们能够更有效地发挥多态特性。抽象类声明了一组派生类共同操作接口的通用语义，而接口的完整实现，即纯虚函数的函数体，要由派生类自己给出。但抽象类的派生类并非一定要给出纯虚函数的实现，如果派生类没有给出纯虚函数的实现，这个派生类仍然是一个抽象类。

8-3 在 C++ 语言中，能否声明虚构造函数？为什么？能否声明虚析构函数？有何用途？

解：在 C++ 语言中，不能声明虚构造函数，多态是不同的对象对同一消息有不同的行为特性，虚函数作为运行过程中多态的基础，主要是针对对象的，而构造函数是在对象产生之前运行的，因此虚构造函数是没有意义的；可以声明虚析构函数，析构函数的功能是在该类对象消亡之前进行一些必要的清理工作，如果一个类的析构函数是虚函数，那么，由它派生而来的所有子类的析构函数也是虚函数。析构函数设置为虚函数之后，在使用指针引用时可以动态连编，实现运行时的多态，保证使用基类的指针就能够调用适当的析构函数针对不同的对象进行清理工作。

8-4 请编写一个计数器 Counter 类，对其重载运算符"+"。

解：源程序：

```
typedef unsigned short  USHORT;
#include<iostream>
```

```
using namespace std;

class Counter
{
public:
   Counter();
   Counter(USHORT initialValue);
   ~Counter(){}
   USHORT getValue()const {return value;}
   void setValue(USHORT x) {value=x;}
   Counter operator+(const Counter &);
private:
   USHORT value;
};

Counter::Counter(USHORT initialValue):
value(initialValue)
{
}

Counter::Counter():
    value(0)
{
}

Counter Counter::operator+(const Counter & rhs)
{
   return Counter(value+rhs.getValue());
}

int main()
{
   Counter varOne(2), varTwo(4), varThree;
   varThree=varOne+varTwo;
   cout<<"varOne: "<<varOne.getValue()<<endl;
   cout<<"varTwo: "<<varTwo.getValue()<<endl;
   cout<<"varThree: "<<varThree.getValue()<<endl;

   return 0;
}
```

程序运行输出：

```
varOne: 2
varTwo: 4
varThree: 6
```

8-5 编写一个哺乳动物类 Mammal，再由此派生出狗类 Dog，二者都声明 speak()成员函数，该函数在基类中被声明为虚函数，声明一个 Dog 类的对象，通过此对象调用 speak 函数，观察运行结果。

解：源程序：

```
#include<iostream>
using namespace std;
class Mammal {
public:
    Mammal() {
        cout<<"Mammal constructor...\n";
    }
    virtual ~Mammal() {
        cout<<"Mammal destructor...\n";
    }
    virtual void speak() const {
        cout<<"Mammal speak!\n";
    }
};

class Dog: public Mammal {
public:
    Dog() {
        cout<<"Dog Constructor...\n";
    }
    ~Dog() {
        cout<<"Dog destructor...\n";
    }
    void speak() const {
        cout<<"Woof!\n";
    }
};

int main() {
    Mammal * pDog=new Dog;
    pDog->speak();
    delete pDog;
    return 0;
}
```

程序运行输出：

```
Mammal constructor...
Dog constructor...
Woof!
Dog destructor...
Mammal destructor...
```

8-6 请编写一个抽象类 Shape，在此基础上派生出类 Rectangle 和 Circle，二者都有计算对象面积的函数 getArea( )、计算对象周长的函数 getPerim( )。

解：源程序：

```
#include<iostream>
using namespace std;

class Shape
{
public:
    Shape(){}
    ~Shape(){}
    virtual float getArea()=0 ;
    virtual float getPerim ()=0 ;
};

class Circle : public Shape
{
public:
    Circle(float radius):itsRadius(radius){}
    ~Circle(){}
    float getArea() {return 3.14 * itsRadius * itsRadius;}
    float getPerim () {return 6.28 * itsRadius;}

private:
    float itsRadius;
};

class Rectangle : public Shape
{
public:
    Rectangle(float len, float width): itsLength(len), itsWidth(width){};
    ~Rectangle(){};
    virtual float getArea() {return itsLength * itsWidth;}
    float getPerim () {return 2 * itsLength+2 * itsWidth;}
    virtual float GetLength() {return itsLength;}
    virtual float GetWidth() {return itsWidth;}
private:
    float itsWidth;
    float itsLength;
};

int main()
{
    Shape * sp;
```

```
    sp=new Circle(5);
    cout<<"The area of the Circle is "<<sp->getArea ()<<endl;
    cout<<"The perimeter of the Circle is "<<sp->getPerim ()<<endl;
    delete sp;
    sp=new Rectangle(4,6);
    cout<<"The area of the Rectangle is "<<sp->getArea()<<endl;
    cout<<"The perimeter of the Rectangle is "<<sp->getPerim ()<<endl;
    delete sp;
  return 0
}
```

程序运行输出：

```
The area of the Circle is 78.5
The perimeter of the Circle is 31.4
The area of the Rectangle is 24
The perimeter of the Rectangle is 20
```

8-7 对类 Point 重载++(自增)、--(自减)运算符，要求同时重载前缀和后缀的形式。

解：

```
#include<iostream>
using namespace std;


class Point
{
public:

    Point& operator++();
    Point operator++(int);

    Point& operator--();
    Point operator--(int);

    Point() {_x=_y=0;}

    int x() {return _x;}
    int y() {return _y;}
private:
    int _x, _y;
};

Point& Point::operator++()
```

```
{
    _x++;
    _y++;
    return *this;
}

Point Point::operator++(int)
{
    Point temp=*this;
    ++*this;
    return temp;
}

Point& Point::operator--()
{
    _x--;
    _y--;
    return *this;
}

Point Point::operator--(int)
{
    Point temp=*this;
    --*this;
    return temp;
}

int main()
{
    Point a;
    cout<<"a的值为："<<a.x()<<" , "<<a.y()<<endl;
    a++;
    cout<<"a的值为："<<a.x()<<" , "<<a.y()<<endl;
    ++a;
    cout<<"a的值为："<<a.x()<<" , "<<a.y()<<endl;
    a--;
    cout<<"a的值为："<<a.x()<<" , "<<a.y()<<endl;
    --a;
    cout<<"a的值为："<<a.x()<<" , "<<a.y()<<endl;
    return 0;
}
```

程序运行输出：

```
a 的值为: 0, 0
a 的值为: 1, 1
a 的值为: 2, 2
a 的值为: 1, 1
a 的值为: 0, 0
```

8-8 定义一个基类 BaseClass,从它派生出类 DerivedClass。BaseClass 有成员函数 fn1( )、fn2( ),fn1( )是虚函数;DerivedClass 也有成员函数 fn1( )、fn2( ),在主函数中声明一个 DerivedClass 的对象,分别用 BaseClass 和 DerivedClass 的指针指向 DerivedClass 的对象,并通过指针调用 fn1( )、fn2( ),观察运行结果。

解:

```
#include <iostream>
using namespace std;

class BaseClass
{
public:
    virtual void fn1();
    void fn2();
};
void BaseClass::fn1()
{
    cout<<"调用基类的虚函数 fn1()"<<endl;
}
void BaseClass::fn2()
{
    cout<<"调用基类的非虚函数 fn2()"<<endl;
}


class DerivedClass : public BaseClass
{
public:
    void fn1();
    void fn2();
};
void DerivedClass::fn1()
{
    cout<<"调用派生类的函数 fn1()"<<endl;
}

void DerivedClass::fn2()
{
    cout<<"调用派生类的函数 fn2()"<<endl;
```

```
}

int main()
{
    DerivedClass aDerivedClass;
    DerivedClass * pDerivedClass=&aDerivedClass;
    BaseClass     * pBaseClass    =&aDerivedClass;

    pBaseClass->fn1();
    pBaseClass->fn2();
    pDerivedClass->fn1();
    pDerivedClass->fn2();
    return 0;
}
```

程序运行输出：

```
调用派生类的函数 fn1()
调用基类的非虚函数 fn2()
调用派生类的函数 fn1()
调用派生类的函数 fn2()
```

8-9 请编写程序定义一个基类 BaseClass，从它派生出类 DerivedClass，在 BaseClass 中声明虚析构函数，在主函数中将一个动态分配的 DerivedClass 的对象地址赋给一个 BaseClass 的指针，然后通过指针释放对象空间。观察程序运行的过程。

解：

```
#include <iostream>
using namespace std;

class BaseClass {
public:
    virtual ~BaseClass() {
        cout<<"~BaseClass()"<<endl;
    }
};

class DerivedClass : public BaseClass {
public:
    ~DerivedClass() {
        cout<<"~DerivedClass()"<<endl;
    }
};

int main()
{
```

```
    BaseClass * bp=new DerivedClass;
    delete bp;
    return 0;
}
```

程序运行输出：

```
~DerivedClass()
~BaseClass()
```

8-10 编写程序定义类 Point，有数据成员 x，y，为其定义友元函数实现重载"+"。

解：

```
#include<iostream>
using namespace std;

class Point
{
public:
    Point() {x=y=0;}
    Point(unsigned xx, unsigned yy) {x=xx; y=yy;}

    unsigned getX() {return x;}
    unsigned getY() {return y;}
    void Print() {cout<<"Point("<<x<<", "<<y<<")"<<endl;}

    friend Point operator+(Point& pt, int nOffset);
    friend Point operator+(int nOffset, Point& pt);

private:
    unsigned x;
    unsigned y;
};

Point operator+(Point& pt, int nOffset)
{
    Point ptTemp=pt;
    ptTemp.x+=nOffset;
    ptTemp.y+=nOffset;

    return ptTemp;
}

Point operator+(int nOffset, Point& pt)
{
    Point ptTemp=pt;
```

```
    ptTemp.x+=nOffset;
    ptTemp.y+=nOffset;

    return ptTemp;
}

int main()
{
    Point pt(10, 10);
    pt.Print();

    pt=pt+5;                    //Point+int
    pt.Print();

    pt=10+pt;                   //int+Point
    pt.Print();
    return 0;
}
```

程序运行输出：

```
Point(10, 10)
Point(15, 15)
Point(25, 25)
```

8-11 在例 8-6 的基础上，通过继承 Rectangle 得到一个新的类 Square，然后在 Shape 中增加一个函数 int getVertexCount() const 用来求出并返回当前图形的顶点个数，用以下几种方法分别实现，并体会各自的优劣：

(1) 使用 dynamic_cast 实现 Shape::getVertexCount 函数。

(2) 使用 typeid 实现 Shape::getVertexCount 函数。

(3) 将 Shape::getVertexCount 声明为纯虚函数，在派生类中给出具体实现。

解：

(1) 使用 dynamic_cast 实现 Shape::getVertexCount 函数。

```
#include<iostream>
using namespace std;

class Shape
{
public:
    Shape(){}
    ~Shape(){}
    virtual float getArea()=0;
    virtual float getPerim()=0;
    int getVertexCount() const;
```

```
};

class Circle : public Shape
{
public:
    Circle(float radius):itsRadius(radius){}
    ~Circle(){}
    float getArea() {return 3.14 * itsRadius * itsRadius;}
    float getPerim () {return 6.28 * itsRadius;}

private:
    float itsRadius;
};

class Rectangle : public Shape
{
public:
    Rectangle(float len, float width): itsLength(len), itsWidth(width){};
    ~Rectangle(){};
    virtual float getArea() {return itsLength * itsWidth;}
    float getPerim () {return 2 * itsLength+2 * itsWidth;}
    virtual float GetLength() {return itsLength;}
    virtual float GetWidth() {return itsWidth;}
protected:
    float itsWidth;
    float itsLength;
};

class Square: public Rectangle
{
public:
    Square (float len): Rectangle(len, len){};
    ~Square(){};
    virtual float getArea() {return itsLength * itsWidth;}
    float getPerim () {return 2 * itsLength+2 * itsWidth;}
    virtual float GetLength() {return itsLength;}
    virtual float GetWidth() {return itsWidth;}
};

int Shape::getVertexCount() const
{
       if (dynamic_cast<Circle * >(const_cast<Shape * >(this)) !=0)
           return 0;
       else if (dynamic_cast<Rectangle * >(const_cast<Shape * >(this)) !=0||
                         dynamic_cast<Square * >(const_cast<Shape * >(this)) !=0)
```

```
            return 4;
        else
            return -1;
}

int main()
{
    Shape * sp;

    sp=new Circle(5);
    cout<<"The area of the Circle is "<<sp->getArea ()<<endl;
    cout<<"The perimeter of the Circle is "<<sp->getPerim ()<<endl;
    cout<<"The vertex count of the Circle is "<<sp->getVertexCount()<<endl;
    delete sp;
    sp=new Rectangle(4,6);
    cout<<"The area of the Rectangle is "<<sp->getArea()<<endl;
    cout<<"The perimeter of the Rectangle is "<<sp->getPerim ()<<endl;
    cout<<"The vertex count of the Rectangle is "<<sp->getVertexCount()<<endl;
    delete sp;
    sp=new Square(6);
    cout<<"The area of the Square is "<<sp->getArea()<<endl;
    cout<<"The perimeter of the Square is "<<sp->getPerim ()<<endl;
    cout<<"The vertex count of the Square is "<<sp->getVertexCount()<<endl;
    delete sp;
    return 0;
}
```

(2) 使用 typeid 实现 Shape::getVertexCount 函数。

```
#include<iostream>
using namespace std;

class Shape
{
public:
    Shape(){}
    ~Shape(){}
    virtual float getArea()=0 ;
    virtual float getPerim ()=0 ;

    int getVertexCount() const;
};

class Circle : public Shape
{
public:
```

```
    Circle(float radius):itsRadius(radius){}
    ~Circle(){}
    float getArea() {return 3.14 * itsRadius * itsRadius;}
    float getPerim () {return 6.28 * itsRadius;}

private:
    float itsRadius;
};

class Rectangle : public Shape
{
public:
    Rectangle(float len, float width): itsLength(len), itsWidth(width){};
    ~Rectangle(){};
    virtual float getArea() {return itsLength * itsWidth;}
    float getPerim () {return 2 * itsLength+2 * itsWidth;}
    virtual float GetLength() {return itsLength;}
    virtual float GetWidth() {return itsWidth;}
protected:
    float itsWidth;
    float itsLength;
};

class Square: public Rectangle
{
public:
    Square (float len): Rectangle(len, len){};
    ~Square(){};
    virtual float getArea() {return itsLength * itsWidth;}
    float getPerim () {return 2 * itsLength+2 * itsWidth;}
    virtual float GetLength() {return itsLength;}
    virtual float GetWidth() {return itsWidth;}
};

int Shape::getVertexCount() const
{
    const type_info &info=typeid( * this);
    if (info==typeid(Circle))
        return 0;
    else if (info==typeid(Square)||info==typeid(Rectangle))
        return 4;
    else
        return -1;
}
```

```
int main()
{
    Shape * sp;

    sp=new Circle(5);
    cout<<"The area of the Circle is "<<sp->getArea ()<<endl;
    cout<<"The perimeter of the Circle is "<<sp->getPerim ()<<endl;
    cout<<"The vertex count of the Circle is "<<sp->getVertexCount()<<endl;
    delete sp;
    sp=new Rectangle(4,6);
    cout<<"The area of the Rectangle is "<<sp->getArea()<<endl;
    cout<<"The perimeter of the Rectangle is "<<sp->getPerim ()<<endl;
    cout<<"The vertex count of the Rectangle is "<<sp->getVertexCount()<<endl;
    delete sp;
    sp=new Square(6);
    cout<<"The area of the Square is "<<sp->getArea()<<endl;
    cout<<"The perimeter of the Square is "<<sp->getPerim ()<<endl;
    cout<<"The vertex count of the Square is "<<sp->getVertexCount()<<endl;
    delete sp;
    return 0;
}
```

(3) 将 Shape::getVertexCount 声明为纯虚函数，在派生类中给出具体实现。

```
#include<iostream>
using namespace std;

class Shape
{
public:
    Shape(){}
    ~Shape(){}
    virtual float getArea()=0 ;
    virtual float getPerim ()=0 ;
    virtual int getVertexCount() const=0;
};

class Circle : public Shape
{
public:
    Circle(float radius):itsRadius(radius){}
    ~Circle(){}
    float getArea() {return 3.14 * itsRadius * itsRadius;}
    float getPerim () {return 6.28 * itsRadius;}
    virtual int getVertexCount() const{return 0;}
private:
```

```
    float itsRadius;
};

class Rectangle : public Shape
{
public:
    Rectangle(float len, float width): itsLength(len), itsWidth(width){};
    ~Rectangle(){};
    virtual float getArea() {return itsLength * itsWidth;}
    float getPerim () {return 2 * itsLength+2 * itsWidth;}
    virtual float GetLength() {return itsLength;}
    virtual float GetWidth() {return itsWidth;}
    virtual int getVertexCount() const{return 4;}
protected:
    float itsWidth;
    float itsLength;
};

class Square: public Rectangle
{
public:
    Square (float len): Rectangle(len, len){};
    ~Square(){};
    virtual float getArea() {return itsLength * itsWidth;}
    float getPerim () {return 2 * itsLength+2 * itsWidth;}
    virtual float GetLength() {return itsLength;}
    virtual float GetWidth() {return itsWidth;}
    virtual int getVertexCount() const{return 4;}
};

int main()
{
    Shape * sp;

    sp=new Circle(5);
    cout<<"The area of the Circle is "<<sp->getArea ()<<endl;
    cout<<"The perimeter of the Circle is "<<sp->getPerim ()<<endl;
    cout<<"The vertex count of the Circle is "<<sp->getVertexCount()<<endl;
    delete sp;
    sp=new Rectangle(4,6);
    cout<<"The area of the Rectangle is "<<sp->getArea()<<endl;
    cout<<"The perimeter of the Rectangle is "<<sp->getPerim ()<<endl;
    cout<<"The vertex count of the Rectangle is "<<sp->getVertexCount()<<endl;
    delete sp;
    sp=new Square(6);
```

```
    cout<<"The area of the Square is "<<sp->getArea()<<endl;
    cout<<"The perimeter of the Square is "<<sp->getPerim ()<<endl;
    cout<<"The vertex count of the Square is "<<sp->getVertexCount()<<endl;
    delete sp;
    return 0;
}
```

8-12 定义一个基类 Shape,在此基础上派生出 Rectangle 和 Circle,二者都有 getArea( )函数计算对象的面积。使用 Rectangle 类创建一个派生类 Square。

解:源程序:

```
#include <iostream>
using namespace std;

class Shape
{
public:
    Shape(){}
    ~Shape(){}
    virtual float getArea() { return -1; }
};

class Circle: public Shape
{
public:
    Circle(float radius): itsRadius(radius){}
    ~Circle(){}
    float getArea() { return 3.14 * itsRadius * itsRadius; }
private:
    float itsRadius;
};

class Rectangle: public Shape
{
public:
    Rectangle(float len, float width): itsLength(len), itsWidth(width){};
    ~Rectangle(){};
    virtual float getArea() { return itsLength * itsWidth; }
    virtual float getLength() { return itsLength; }
    virtual float getWidth() { return itsWidth; }
private:
    float itsWidth;
    float itsLength;
};

class Square: public Rectangle
```

```
{
public:
    Square(float len);
    ~Square(){}
};

Square:: Square(float len):
    Rectangle(len, len)
{
}

int main()
{
    Shape * sp;

    sp=new Circle(5);
    cout<<"The area of the Circle is "<<sp->getArea ()<<endl;
    delete sp;
    sp=new Rectangle(4, 6);
    cout<<"The area of the Rectangle is "<<sp->getArea()<<endl;
    delete sp;
    sp=new Square(5);
    cout<<"The area of the Square is "<<sp->getArea()<<endl;
    delete sp;
    return 0;
}
```

程序运行输出：

```
The area of the Circle is 78.5
The area of the Rectangle is 24
The area of the Square is 25
```

第 9 章　模板与群体数据

主教材要点导读

本章介绍对线性群体数据的存储和处理，介绍这些内容的目的有三方面：一是以数组类、链表类、栈类、队列类以及查找、排序算法为综合例题，对前面章节的内容进行全面复习；二是使读者掌握一些常用的数据结构和算法，能够解决一些略复杂的问题，也为下一章学习 C++ 标准模板库打下基础。

在第 6 章中曾经介绍过一个动态数组类，但是其结构和功能都比较简单。本章介绍的安全数组类运用了动态内存分配和运算符重载，使得该类对象既具有可变的大小、安全的访问机制，又有基本数组的访问形式。

链表是一种存储顺序访问的线性群体的数据结构，本章介绍的单链表由一组具有数据成员和后继指针的结点构成。与数组相比，链表有着更灵活的动态内存分配机制，插入和删除结点时也无须移动其他元素。

以数组类和链表类为基础，对数据元素的访问加以限制，便构成了栈类和队列类。栈具有后进先出的特性，也就是数据元素的插入和删除都只能在栈顶进行。队列具有先进先出的特性，元素只能从队尾入队，从队头出队。

另外本章还介绍了几种数据查找和排序算法。

在对上述数据结构和算法的介绍中，综合运用了前面章节讲过的知识，学习这一章的同时也起到了复习的作用。为了使数组类与基本数组的访问形式一样，定义了一系列运算符重载函数。在数组类的复制构造函数和"="运算符函数中，可以看到深层复制与浅层复制的区别。

本章中的数组、链表、栈、队列都是以类模板的形式声明和实现的，查找和排序算法也都是以函数模板形式定义的，这是 C++ 语言独特的类型参数化机制。通过这些类模板和函数模板的应用，读者可以很容易地体会到模板的作用，而这正是下一章要讲的泛型程序设计的基础。本章对类模板的介绍比较简单，没有涉及类模板的继承关系。对初学者来说重点是理解模板的作用，学会简单的应用，对于较复杂的语法问题，可以先不考虑。

有些读者可能会感觉本章的例题比起以前的章节来难度明显增大了许多，不过本章的教学目标并不是要使读者仅仅学了这一章就能够设计、实现同样难度的类模板、函数模板。而是通过这些例题复习以前的知识、学会模板的声明和应用，同时初步了解几个常用的数据结构和算法，并能够应用已经编写好的模板来解决问题。这也是为下一章打基础。要深入学习有关数据结构的内容，还需要专门的数据结构教材。

实验9 群体类和群体数据(4学时)

一、实验目的

(1) 了解结点类的声明与实现,学习其使用方法。

(2) 了解链表类的声明与实现,学习其使用方法。

(3) 了解栈类的声明与实现,学习其使用方法。

(4) 了解队列类的声明与实现,学习其使用方法。

(5) 掌握对数组元素排序的方法。

(6) 掌握对数组元素查找的方法。

二、实验任务

(1) 编写程序 Node.h 实现例 9-5 的结点类,并编写测试程序 lab9_1.cpp 实现链表的基本操作。

(2) 编写程序 link.h 实现例 9-6 的链表类。在测试程序 lab9_2.cpp 中声明两个整型链表 A 和 B,分别插入 5 个元素,然后把 B 中的元素加入 A 的尾部。

(3) 编写程序 queue.h,用链表实现队列(或栈)类。在测试程序 lab9_3.cpp 中声明一个整型队列(或栈)对象,插入 5 个整数,压入队列(或栈),再依次取出并显示出来。

(4) (选做)声明 course(课程)类,有属性:课程名 char name[21]、成绩 short score;在实验 7 中的 student 类中增加属性:所修课程 courses,为课程类对象的链表。在测试程序中测试这个类。学生类与课程类的关系如图 9-1 所示。

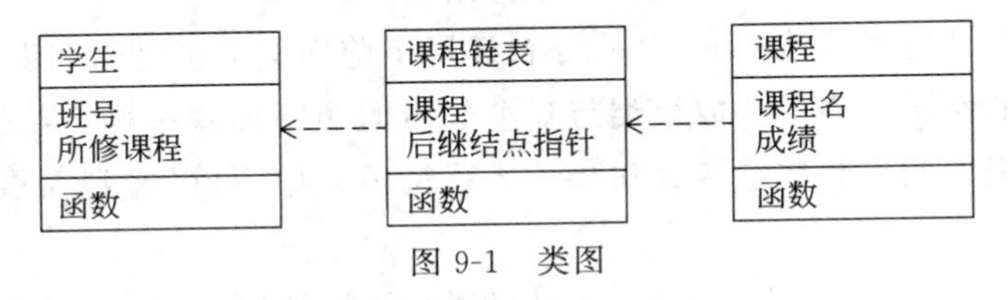

图 9-1 类图

(5) 将直接插入排序、直接选择排序、冒泡排序、顺序查找函数封装到第 9 章的数组类中,作为成员函数。实现并测试这个类。

(6) (选做)声明一个对 people 类对象数组按编号排序的函数,一个按编号查找 people 对象的函数。在测试程序中使用前面实验得到的结果声明教师数组和学生数组,分别对教师数组和学生数组进行排序和查找。

三、实验步骤

(1) 参照例 9-5 中结点类 Node 的声明(9_5.h),给出其实现。在测试程序中从键盘输入 10 个整数,用这些整数值作为结点数据,生成一个链表,按顺序输出链表中结点的数值。然后从键盘输入一个待查找整数,在链表中查找该整数,若找到则删除该整数所在的结点(如果出现多次,全部删除),然后输出删除结点以后的链表。在程序结束之前清空链表。

(2) 参照例 9-6 中链表类 LinkedList 的声明(9_6.h),给出其实现,注意合理使用 Node

类的成员函数。在测试程序中声明整型链表 A 和 B,分别插入 5 个元素,使用循环语句显示链表中的元素,然后把 B 中的元素加入 A 的尾部,再显示出来。

(3) 队列类的特点就是其元素的操作顺序为先入先出(FIFO),用第(2)题中的链表类实现队列类,用链表类的成员函数实现队列类的成员函数,在测试程序中声明一个整型队列对象,观察队列类中元素先入先出的特点。

(4) 编写程序 array1.h 声明并实现数组类,其中包含成员函数 void insertSort( )实现直接插入排序;成员函数 void selectSort( )实现直接选择排序;成员函数 void BubbleSort( )实现冒泡排序;成员函数 int seqSearch(T key)实现顺序查找;这些函数操作的数据就是数组类的数据成员 alist。在测试程序 lab9_4.cpp 中声明数组类的对象,测试这些成员函数。

习题解答

9-1 编写程序,提示用户输入一个班级中的学生人数 n,再依次提示用户输入 n 个人在课程 A 中的考试成绩,然后计算出平均成绩,显示出来。请使用第 9 章中的数组类模板 Array 定义浮点型数组存储考试成绩。

解:

```
#include<iostream>
#include<iomanip>
#include "array.h"
using namespace std;

int main()
{
    int n;
    double average,total=0;
    cout<<"请输入学生人数: ";
    cin>>n;
    Array<float>  score(n);
    for (int i=0; i<n; i++)
    {
        cout<<"请输入第"<<i+1<<"个学生的课程 A 成绩(0~100): ";
        cin>>score[i];
        total+=score[i];
    }
    average=total/n;
    cout<<"平均成绩为"<<setprecision(4)<<average<<endl;
    return 0;
}
```

程序运行输出:

```
请输入学生人数: 3
请输入第 1 个学生的课程 A 成绩(0~100): 80
请输入第 2 个学生的课程 A 成绩(0~100): 80
请输入第 3 个学生的课程 A 成绩(0~100): 81
平均成绩为 80.33
```

9-2 链表的结点类至少应包含哪些数据成员？单链表和双向链表的区别是什么？

解：链表是由系列结点组成的，每一个结点包括数据域和指向链表中其他结点的指针（即下一个结点的地址）。每个结点中只有一个指向后继结点指针的链表称为单链表。如果链表中每个结点中有两个用于连接其他结点的指针，一个指向前驱结点（称前驱指针），另一个指向后继结点（称后继指针），这样的链表称为双向链表。

9-3 链表中元素的最大数目为多少？

解：链表中元素的最大数目没有固定限制，只取决于可用的内存数量。

9-4 在双向链表中使用的结点类与单链表中使用的结点类相比，应有何不同？试声明并实现双向链表中使用的结点类 DNode。

解：每一个结点包括数据域和指向链表中其他结点的指针（即下一个结点的地址），单链表中使用的结点类中，每个结点只有一个指向后继结点的指针；在双向链表中，使用的结点类中有两个用于连接其他结点的指针，一个指向前驱结点（称前驱指针），另一个指向后继结点（称后继指针）。双向链表使用的结点类可如下声明：

```
//dnode.h
#ifndef DOUBLY_LINKED_NODE_CLASS
#define DOUBLY_LINKED_NODE_CLASS

template<class T>
class DNode
{
   private:
       DNode<T> * left;                              //左指针
       DNode<T> * right;                             //右指针
   public:
       T data;                                       //结点数据

       //构造函数
       DNode(void);
       DNode (const T& item);


       //链表修改算法
       void insertRight(DNode<T> * p);
       void insertLeft(DNode<T> * p);
       DNode<T> * deleteNode(void);
```

```
        //获取左侧和右侧相邻结点的地址
        DNode<T> * nextNodeRight(void) const;
        DNode<T> * nextNodeLeft(void) const;
};

//构造函数创建一个空结点,不初始化数据成员,用于链表头结点
template<class T>
DNode<T>::DNode(void)
{
    //初始化结点,使之指向自身
    left=right=this;
}

//构造函数,创建一个空结点并初始化数据成员
template<class T>
DNode<T>::DNode(const T& item)
{
    //使结点指针指向自身并初始化数据成员
    left=right=this;
    data=item;
}

//在当前结点的右侧插入一个结点 p
template<class T>
void DNode<T>::insertRight(DNode<T> * p)
{
    //将 p 与右结点连接
    p->right=right;
    right->left=p;

    //将当前结点连接到 p 结点的左侧
    p->left=this;
    right=p;
}

//在当前结点的左侧插入一个结点 p
template<class T>
void DNode<T>::insertLeft(DNode<T> * p)
{
    //将 p 与左结点连接
    p->left=left;
    left->right=p;

    //将当前结点连接到 p 结点的右侧
    p->right=this;
```

```
    left=p;
}

//断开当前结点与链表的连接,并返回当前结点地址
template<class T>
DNode<T> * DNode<T>::deleteNode(void)
{
    //使当前结点的左侧结点连接到当前结点的右侧结点
    left->right=right;

    //使当前结点的右侧结点连接到当前结点的左侧结点
    right->left=left;

    //返回当前结点地址
    return this;
}

//返回指向右结点的指针
template<class T>
DNode<T> * DNode<T>::nextNodeRight(void) const
{
    return right;
}

//返回指向左结点的指针
template<class T>
DNode<T> * DNode<T>::nextNodeLeft(void) const
{
    return left;
}

#endif                                  //DOUBLY_LINKED_NODE_CLASS
```

9-5 使用本章中的链表类模板,声明两个 int 类型的链表 a 和 b,分别插入 5 个元素,然后把 b 中的元素加入 a 的尾部。

解:本题的解答见实验 9 部分。

9-6 insertOrder 通过对从本章的链表类模板 LinkedList 进行组合,编写有序链表类模板 OrderList,添加成员函数 insert 实现链表元素的有序(递增)插入。声明两个 int 类型有序链表 a 和 b,分别插入 5 个元素,然后把 b 中的元素插入 a 中。

解:

```
#include<iostream>
#include "link.h"                       //参见实验 9 部分
using namespace std;
```

```
template<class T>
class Link:public LinkedList<T>
{
public:
    void insertOrder(const T& item);
};

template<class T>
void Link<T>::insertOrder(const T& item)
{
    reset();
    while (!endOfList())
    {
        if (item<data())
            break;
        next();
    }
    insertAt(item);
}

int main()
{
    Link<int>A,B;
    int i, item;

    cout<<"请输入加入链表 A 的 5 个整数: ";
    for (i=0; i<5; i++)
    {
        cin>>item;
        A.insertOrder(item);
    }

    cout<<"请输入加入链表 B 的 5 个整数: ";
    for (i=0; i<5; i++)
    {
        cin>>item;
        B.insertOrder(item);
    }

    cout<<endl<<"有序链表 A 中的元素为: ";
    A.reset();
    while(!A.endOfList())
    {
        cout<<A.data()<<"  ";
        A.next();
```

```
    }

    cout<<endl<<"有序链表 B 中的元素为: ";
    B.reset();
    while(!B.endOfList())
    {
        A.insertOrder(B.data());
        cout<<B.data()<<"  ";
        B.next();
    }

    cout<<endl<<"加入链表 B 中元素后,链表 A 中的元素为: ";
    A.reset();
    while(!A.endOfList())
    {
        cout<<A.data()<<"  ";
        A.next();
    }
}
```

程序运行输出：

```
请输入加入链表 A 的 5 个整数: 1 3 7 6 5
请输入加入链表 B 的 5 个整数: 2 6 8 5 4
链表 A 中的元素为: 1  3  5  6  7
链表 B 中的元素为: 2  4  5  6  8
加入链表 B 中元素后,链表 A 中的元素为: 1  2  3  4  5  5  6  6  7  8
```

9-7 什么叫作栈？对栈中元素的操作有何特性？

解：栈是只能从一端访问的线性群体，可以访问的这一端称栈顶，另一端称栈底。对栈顶位置的标记称为栈顶指针，对栈底位置的标记称为栈底指针。向栈顶添加元素称为"压入栈"，删除栈顶元素称为"弹出栈"。栈中元素的添加和删除操作具有"后进先出"(LIFO)的特性。

9-8 什么叫作队列？对队列中元素的操作有何特性？

解：队列是只能向一端添加元素，从另一端删除元素的线性群体，可以添加元素的一端称队尾，可以删除元素的一端称队头。对队头位置的标记称为队头指针，对队尾位置的标记称为队尾指针。向队尾添加元素称为"入队"，删除队头元素称为"出队"。队列中元素的添加和删除操作具有"先进先出"(FIFO)的特性。

9-9 简单说明插入排序的算法思想。

解：插入排序的基本思想是：每一步将一个待排序元素按其关键字值的大小插入到已排序序列的适当位置上，直到待排序元素插入完为止。

9-10 初始化 int 类型数组 data1[]={1,3,5,7,9,11,13,15,17,19,2,4,6,8,10,12,14, 16,18,20}，应用本章的直接插入排序函数模板进行排序。对此函数模板稍做修改，加入输出语句，在每插入一个待排序元素后显示整个数组，观察排序过程中数据的变化，加深对插入排序算法的理解。

解：

```
#include <iostream>
using namespace std;

template <class T>
void insertSort(T A[], int n)
{
    int i, j;
    T   temp;

    //将下标为 1～n-1 的元素逐个插入到已排好序序列中的适当位置
    for (i=1; i<n; i++)
    {
        //从 A[i-1]开始向 A[0]方向扫描各元素,寻找适当位置插入 A[i]
        j=i;
        temp=A[i];
        while (j>0 && temp<A[j-1])
        {   //逐个比较,直到 temp>=A[j-1]时,j 便是应插入的位置
            //若达到 j==0,则 0 是应插入的位置
            A[j]=A[j-1];                //将元素逐个后移,以便找到插入位置时可立即插入
            j--;
        }
        //插入位置已找到,立即插入
        A[j]=temp;

        //输出数据
        for(int k=0;k<n;k++)
            cout<<A[k]<<"  ";
        cout<<endl;
        //结束输出
    }
}

int main()
{
    int i;

    int data1[]={1,3,5,7,9,11,13,15,17,19,2,4,6,8,10,12,14,16,18,20};
    cout<<"排序前的数据: "<<endl;
    for(i=0;i<20;i++)
        cout<<data1[i]<<"  ";
    cout<<endl;
```

```
    cout<<"开始排序..."<<endl;
    insertSort(data1, 20);
    cout<<"排序后的数据: "<<endl;
    for(i=0;i<20;i++)
        cout<<data1[i]<<"  ";
    cout<<endl;
return 0;
}
```

程序运行输出：

```
排序前的数据:
1  3  5  7  9  11  13  15  17  19  2  4  6  8  10  12  14  16  18  20
开始排序...
1  3  5  7  9  11  13  15  17  19  2  4  6  8  10  12  14  16  18  20
1  3  5  7  9  11  13  15  17  19  2  4  6  8  10  12  14  16  18  20
1  3  5  7  9  11  13  15  17  19  2  4  6  8  10  12  14  16  18  20
1  3  5  7  9  11  13  15  17  19  2  4  6  8  10  12  14  16  18  20
1  3  5  7  9  11  13  15  17  19  2  4  6  8  10  12  14  16  18  20
1  3  5  7  9  11  13  15  17  19  2  4  6  8  10  12  14  16  18  20
1  3  5  7  9  11  13  15  17  19  2  4  6  8  10  12  14  16  18  20
1  3  5  7  9  11  13  15  17  19  2  4  6  8  10  12  14  16  18  20
1  3  5  7  9  11  13  15  17  19  2  4  6  8  10  12  14  16  18  20
1  2  3  5  7  9  11  13  15  17  19  4  6  8  10  12  14  16  18  20
1  2  3  4  5  7  9  11  13  15  17  19  6  8  10  12  14  16  18  20
1  2  3  4  5  6  7  9  11  13  15  17  19  8  10  12  14  16  18  20
1  2  3  4  5  6  7  8  9  11  13  15  17  19  10  12  14  16  18  20
1  2  3  4  5  6  7  8  9  10  11  13  15  17  19  12  14  16  18  20
1  2  3  4  5  6  7  8  9  10  11  12  13  15  17  19  14  16  18  20
1  2  3  4  5  6  7  8  9  10  11  12  13  14  15  17  19  16  18  20
1  2  3  4  5  6  7  8  9  10  11  12  13  14  15  16  17  19  18  20
1  2  3  4  5  6  7  8  9  10  11  12  13  14  15  16  17  18  19  20
1  2  3  4  5  6  7  8  9  10  11  12  13  14  15  16  17  18  19  20
排序后的数据:
1  2  3  4  5  6  7  8  9  10  11  12  13  14  15  16  17  18  19  20
```

9-11 简单说明选择排序的算法思想。

解：选择排序的基本思想是：每次从待排序序列中选择一个关键字最小的元素(当需要按关键字升序排列时)，顺序排在已排序序列的最后，直至全部排完。

9-12 初始化int类型数组data1[]={1,3,5,7,9,11,13,15,17,19,2,4,6,8,10,12,14,16,18,20}，应用本章中的直接选择排序函数模板进行排序。对此函数模板稍做修改，加入输出语句，每次从待排序序列中选择一个元素添加到已排序序列后，显示整个数组，观察排序过程中数据的变化，加深对直接选择排序算法的理解。

解：

```
#include <iostream>
using namespace std;

//辅助函数：交换 x 和 y 的值
template<class T>
void swapData(T &x, T &y)
{
    T temp;

    temp=x;
    x=y;
    y=temp;
}

//用选择法对数组 A 的 n 个元素进行排序
template<class T>
void selectSort(T a[], int n)
{
    int smallIndex;                         //每一趟中选出最小元素的下标
    int i, j;

    //sort a[0]..a[n-2], and a[n-1] is in place
    for (i=0; i<n-1; i++)
    {
        smallIndex=i;                       //最小元素的下标初值设为 i
        //在元素 a[i+1]..a[n-1]中逐个比较选出最小值
        for (j=i+1; j<n; j++)
            //smallIndex 始终记录当前找到的最小值的下标
            if (a[j]<a[smallIndex])
                smallIndex=j;
            //将这一趟找到的最小元素与 a[i]交换
            swapData(a[i], a[smallIndex]);
            //输出数据
            for(int k=0;k<n;k++)
                cout<<a[k]<<"  ";
            cout<<endl;
            //结束输出

    }
}

int main()
{
    int i;
```

```
    int data1[]={1,3,5,7,9,11,13,15,17,19,2,4,6,8,10,12,14,16,18,20};
    cout<<"排序前的数据："<<endl;
    for(i=0;i<20;i++)
        cout<<data1[i]<<"  ";
    cout<<endl;
    cout<<"开始排序..."<<endl;
    selectSort(data1, 20);
    cout<<"排序后的数据："<<endl;
    for(i=0;i<20;i++)
        cout<<data1[i]<<"  ";
    cout<<endl;
    return 0;
}
```

程序运行输出：

```
排序前的数据：
1  3  5  7  9  11  13  15  17  19  2  4  6  8  10  12  14  16  18  20
1  3  5  7  9  11  13  15  17  19  2  4  6  8  10  12  14  16  18  20
1  2  5  7  9  11  13  15  17  19  3  4  6  8  10  12  14  16  18  20
1  2  3  7  9  11  13  15  17  19  5  4  6  8  10  12  14  16  18  20
1  2  3  4  9  11  13  15  17  19  5  7  6  8  10  12  14  16  18  20
1  2  3  4  5  11  13  15  17  19  9  7  6  8  10  12  14  16  18  20
1  2  3  4  5  6  13  15  17  19  9  7  11  8  10  12  14  16  18  20
1  2  3  4  5  6  7  15  17  19  9  13  11  8  10  12  14  16  18  20
1  2  3  4  5  6  7  8  17  19  9  13  11  15  10  12  14  16  18  20
1  2  3  4  5  6  7  8  9  19  17  13  11  15  10  12  14  16  18  20
1  2  3  4  5  6  7  8  9  10  17  13  11  15  19  12  14  16  18  20
1  2  3  4  5  6  7  8  9  10  11  13  17  15  19  12  14  16  18  20
1  2  3  4  5  6  7  8  9  10  11  12  17  15  19  13  14  16  18  20
1  2  3  4  5  6  7  8  9  10  11  12  13  15  19  17  14  16  18  20
1  2  3  4  5  6  7  8  9  10  11  12  13  14  19  17  15  16  18  20
1  2  3  4  5  6  7  8  9  10  11  12  13  14  15  17  19  16  18  20
1  2  3  4  5  6  7  8  9  10  11  12  13  14  15  16  19  17  18  20
1  2  3  4  5  6  7  8  9  10  11  12  13  14  15  16  17  19  18  20
1  2  3  4  5  6  7  8  9  10  11  12  13  14  15  16  17  18  19  20
1  2  3  4  5  6  7  8  9  10  11  12  13  14  15  16  17  18  19  20
排序后的数据：
1  2  3  4  5  6  7  8  9  10  11  12  13  14  15  16  17  18  19  20
```

9-13　简单说明交换排序的算法思想。

解：交换排序的基本思想是：两两比较待排序序列中的元素，并交换不满足顺序要求的各对元素，直到全部满足顺序要求为止。

9-14　初始化 int 类型数组 data1[]={1,3,5,7,9,11,13,15,17,19,2,4,6,8,10,12,

14,16,18,20},应用本章中的起泡排序函数模板进行排序;对此函数模板稍做修改,加入输出语句,每完成一趟起泡排序后显示整个数组,观察排序过程中数据的变化,加深对起泡排序算法的理解。

解:

```
#include<iostream>
using namespace std;

//辅助函数: 交换 x 和 y 的值
template<class T>
void swapData (T &x, T &y)
{
    T temp;

    temp=x;
    x=y;
    y=temp;
}

//用起泡法对数组 A 的 n 个元素进行排序
template<class T>
void BubbleSort(T a[], int n)
{
    int i,j;
    int lastExchangeIndex;          //用于记录每趟被交换的最后一对元素中较小的下标
    i=n-1;                          //i 是下一趟需参与排序交换的元素之最大下标

    while (i>0)
        //持续排序过程,直到最后一趟排序没有交换发生,或已达 n-1 趟
    {
        lastExchangeIndex=0;              //每一趟开始时,设置交换标志为 0(未交换)
        for (j=0; j<i; j++)               //每一趟对元素 a[0]..a[i]进行比较和交换
            if (a[j+1]<a[j])              //如果元素 a[j+1]<a[j],交换之
            {
                swapData(a[j],a[j+1]);
                lastExchangeIndex=j;      //记录被交换的一对元素中较小的下标
            }

            //将 i 设置为本趟被交换的最后一对元素中较小的下标
            i=lastExchangeIndex;
            //输出数据
            for(int k=0;k<n;k++)
                cout<<a[k]<<"  ";
            cout<<endl;
```

```
            //结束输出

    }
}

int main()
{
    int i;

    int data1[]={1,3,5,7,9,11,13,15,17,19,2,4,6,8,10,12,14,16,18,20};
    cout<<"排序前的数据："<<endl;
    for(i=0;i<20;i++)
        cout<<data1[i]<<"  ";
    cout<<endl;
    cout<<"开始排序..."<<endl;
    BubbleSort(data1, 20);
    cout<<"排序后的数据："<<endl;
    for(i=0;i<20;i++)
        cout<<data1[i]<<"  ";
    cout<<endl;
    return 0;
}
```

程序运行输出：

```
排序前的数据：
1  3  5  7  9  11  13  15  17  19  2  4  6  8  10  12  14  16  18  20
开始排序...
1  3  5  7  9  11  13  15  17  2  4  6  8  10  12  14  16  18  19  20
1  3  5  7  9  11  13  15  2  4  6  8  10  12  14  16  17  18  19  20
1  3  5  7  9  11  13  2  4  6  8  10  12  14  15  16  17  18  19  20
1  3  5  7  9  11  2  4  6  8  10  12  13  14  15  16  17  18  19  20
1  3  5  7  9  2  4  6  8  10  11  12  13  14  15  16  17  18  19  20
1  3  5  7  2  4  6  8  9  10  11  12  13  14  15  16  17  18  19  20
1  3  5  2  4  6  7  8  9  10  11  12  13  14  15  16  17  18  19  20
1  3  2  4  5  6  7  8  9  10  11  12  13  14  15  16  17  18  19  20
1  2  3  4  5  6  7  8  9  10  11  12  13  14  15  16  17  18  19  20
1  2  3  4  5  6  7  8  9  10  11  12  13  14  15  16  17  18  19  20
排序后的数据：
1  2  3  4  5  6  7  8  9  10  11  12  13  14  15  16  17  18  19  20
```

9-15 本章例题的排序算法都是升序排序，稍做修改后即可完成降序排序。请编写降序的起泡排序函数模板，然后在程序中初始化 int 类型的数组 data1[]={1,3,5,7,9,11,13,15,17,19,2,4,6,8,10,12,14,16,18,20}，应用降序的起泡排序函数模板进行排序，加入输出语句，每完成一趟起泡排序后显示整个数组，观察排序过程中数据的变化。

解：

```
#include<iostream>
using namespace std;

//辅助函数：交换 x 和 y 的值
template<class T>
void swapData (T &x, T &y)
{
    T temp;

    temp=x;
    x=y;
    y=temp;
}

//用起泡法对数组 A 的 n 个元素进行排序
template<class T>
void BubbleSort(T a[], int n)
{
    int i,j;
    int lastExchangeIndex;          //用于记录每趟被交换的最后一对元素中较小的下标
    i=n-1;                          //i 是下一趟需参与排序交换的元素之最大下标

    while (i>0)
    //持续排序过程,直到最后一趟排序没有交换发生,或已达 n-1 趟
    {
        lastExchangeIndex=0;            //每一趟开始时,设置交换标志为 0(未交换)
        for (j=0; j<i; j++)             //每一趟对元素 a[0]..a[i]进行比较和交换
            if (a[j+1]>a[j])            //如果元素 a[j+1]<a[j],交换之
            {
                swapData(a[j],a[j+1]);
                lastExchangeIndex=j;
                                        //记录被交换的一对元素中较小的下标
            }

            //将 i 设置为本趟被交换的最后一对元素中较小的下标
            i=lastExchangeIndex;
            //输出数据
            for(int k=0;k<n;k++)
                cout<<a[k]<<"  ";
            cout<<endl;
            //结束输出

    }
}
```

```
int main()
{
    int i;

    int data1[]={1,3,5,7,9,11,13,15,17,19,2,4,6,8,10,12,14,16,18,20};
    cout<<"排序前的数据："<<endl;
    for(i=0;i<20;i++)
        cout<<data1[i]<<"  ";
    cout<<endl;
    cout<<"开始排序..."<<endl;
    BubbleSort(data1, 20);
    cout<<"排序后的数据："<<endl;
    for(i=0;i<20;i++)
        cout<<data1[i]<<"  ";
    cout<<endl;
return 0;
}
```

程序运行输出：

```
排序前的数据：
1  3  5  7  9  11  13  15  17  19  2  4  6  8  10  12  14  16  18  20
开始排序...
3  5  7  9  11  13  15  17  19  2  4  6  8  10  12  14  16  18  20  1
5  7  9  11  13  15  17  19  3  4  6  8  10  12  14  16  18  20  2  1
7  9  11  13  15  17  19  5  4  6  8  10  12  14  16  18  20  3  2  1
9  11  13  15  17  19  7  5  6  8  10  12  14  16  18  20  4  3  2  1
11  13  15  17  19  9  7  6  8  10  12  14  16  18  20  5  4  3  2  1
13  15  17  19  11  9  7  8  10  12  14  16  18  20  6  5  4  3  2  1
15  17  19  13  11  9  8  10  12  14  16  18  20  7  6  5  4  3  2  1
17  19  15  13  11  9  10  12  14  16  18  20  8  7  6  5  4  3  2  1
19  17  15  13  11  10  12  14  16  18  20  9  8  7  6  5  4  3  2  1
19  17  15  13  11  12  14  16  18  20  10  9  8  7  6  5  4  3  2  1
19  17  15  13  12  14  16  18  20  11  10  9  8  7  6  5  4  3  2  1
19  17  15  13  14  16  18  20  12  11  10  9  8  7  6  5  4  3  2  1
19  17  15  14  16  18  20  13  12  11  10  9  8  7  6  5  4  3  2  1
19  17  15  16  18  20  14  13  12  11  10  9  8  7  6  5  4  3  2  1
19  17  16  18  20  15  14  13  12  11  10  9  8  7  6  5  4  3  2  1
19  17  18  20  16  15  14  13  12  11  10  9  8  7  6  5  4  3  2  1
19  18  20  17  16  15  14  13  12  11  10  9  8  7  6  5  4  3  2  1
19  20  18  17  16  15  14  13  12  11  10  9  8  7  6  5  4  3  2  1
20  19  18  17  16  15  14  13  12  11  10  9  8  7  6  5  4  3  2  1
排序后的数据：
20  19  18  17  16  15  14  13  12  11  10  9  8  7  6  5  4  3  2  1
```

9-16 简单说明顺序查找的算法思想。

解：顺序查找是一种最简单、最基本的查找方法。

其基本思想是：从数组的首元素开始，将逐个元素与待查找的关键字进行比较，直到找到相等的。若整个数组中没有与待查找关键字相等的元素，就是查找不成功。

9-17 初始化 int 类型数组 data1[]={1,3,5,7,9,11,13,15,17,19,2,4,6,8,10,12,14,16,18,20}，提示用户输入一个数字，应用本章的顺序查找函数模板找出它的位置。

解：

```
#include<iostream>
using namespace std;

template<class T>
int seqSearch(T list[], int n, T key)
{
    for(int i=0;i<n;i++)
        if (list[i]==key)
            return i;
        return -1;
}

int main()
{
    int i, n;

    int data1[]={1,3,5,7,9,11,13,15,17,19,2,4,6,8,10,12,14,16,18,20};
    cout<<"输入想查找的数字(1~20): ";
    cin>>n;
    cout<<"数据为: "<<endl;
    for(i=0;i<20;i++)
        cout<<data1[i]<<"  ";
    cout<<endl;
    i=seqSearch (data1 , 20 , n);
    if (i<0)
        cout<<"没有找到数字"<<n<<endl;
    else
        cout<<n<<"是第"<<i+1<<"个数字"<<endl;
    return 0;
    }
```

程序运行输出：

```
输入想查找的数字(1~20): 6
数据为:
1  3  5  7  9  11  13  15  17  19  2  4  6  8  10  12  14  16  18  20
6是第13个数字
```

9-18 简单说明折半查找的算法思想。

解：如果是在一个元素排列有序的数组中进行查找，可以采用折半查找方法。

折半查找方法的基本思想是：对于已按关键字排好序的序列，经过一次比较，可将序列分割成两部分，然后只在有可能包含待查元素的一部分中继续查找，并根据试探结果继续分割，逐步缩小查找范围，直至找到或找不到为止。

9-19 初始化 int 类型数组 data1[]={1,3,5,7,9,11,13,15,17,19,2,4,6,8,10,12,14,16,18,20}，提示用户输入一个数字，应用本章的折半查找函数模板找出它的位置。

解：

```
#include<iostream>
using namespace std;

//用折半查找方法,在元素呈升序排列的数组 list 中查找值为 key 的元素
template<class T>
int binarySearch(T list[], int n, T key)
{
   int mid, low, high;
   T midvalue;
   low=0;
   high=n-1;
   while (low<=high)                //low<=high 表示整个数组尚未查找完
   {
      mid=(low+high)/2;             //求中间元素的下标
      midvalue=list[mid];           //取出中间元素的值
      if (key==midvalue)
         return mid;                //若找到,返回下标
      else if (key<midvalue)
         high=mid-1;
              //若 key<midvalue 将查找范围缩小到数组的前一半
      else
         low=mid+1;                 //否则将查找范围缩小到数组的后一半
   }
   return -1;                       //没有找到返回-1
}

int main()
{
    int i, n;

    int data1[]={1,2,3,4,5,6,7,8,9,10,11,12,13,14,15,16,17,18,19,20};
    cout<<"输入想查找的数字(1~20): ";
    cin>>n;
    cout<<"数据为: "<<endl;
    for(i=0;i<20;i++)
```

```
        cout<<data1[i]<<"  ";
    cout<<endl;
    i=binarySearch (data1 , 20 , n);
    if (i<0)
        cout<<"没有找到数字"<<n<<endl;
    else
        cout<<n<<"是第"<<i+1<<"个数字"<<endl;
    return 0;
}
```

程序运行输出：

```
输入想查找的数字(1~20): 9
数据为:
1  2  3  4  5  6  7  8  9  10  11  12  13  14  15  16  17  18  19  20
9 是第 9 个数字
```

9-20 模板的实例化在什么情况下会发生？请指出例 9-1 和例 9-2 的程序中有哪些模板实例。

解：对模板的实例化一般是按需进行的，编译器通过实例化只生成那些会被使用的模板实例。

例 9-1 的程序中只有 outputArray<int>、outputArray<double> 和 outputArray<char>三个实例会被生成，因为它们被调用过；而 outputArray<float>、outputArray<bool>都不会被生成，因为它们从未被调用过。同样的道理，例 9-2 的程序中只有 Store<int>、Store<double> 和 Store<Student>三个类模板实例会被生成，而 Store<char>、Store<float>、Store<bool>等都不会被生成。

9-21 尝试通过模板元编程解决实现以下功能：

（1）设计一个类模板 template <unsigned M, unsigned N> Permutation，内含一个枚举值 VALUE，Permutation<M, N>::VALUE 的值为排列数 P_M^N。

（2）设计一个类模板 template <unsigned M, unsigned N> Gcd，内含一个枚举值 VALUE，Gcd<M, N>::VALUE 的值为 M 和 N 的最大公约数。提示：求最大公约数可以用以下的辗转相除法：

$$gcd(m,n)=\begin{cases} m & (m\text{ 能整除 } n) \\ gcd(n\%m,m) & (m\text{ 不能整除 } n) \end{cases}$$

解：

（1）

```
#include<iostream>

using namespace std;

template<unsigned M, unsigned N>
class Permutation {
```

```
public:
    enum {VALUE=Permutation<M, N-1>::VALUE * (M-N+1) };
};

template<unsigned M>
class Permutation<M,1>{
public:
    enum {VALUE=M };
};

int main()
{
    cout<<Permutation<10,2>::VALUE<<endl;
    return 0;
}
```

程序运行输出：

```
90
```

(2)

```
#include<iostream>

using namespace std;

template<unsigned M, unsigned N>
class Permutation {
public:
    enum {VALUE=(N%M==0)?M : Permutation<N%M, M>::VALUE};
};

template<unsigned N>
class Permutation<0,N>{
public:
    enum {VALUE=-1};
};

int main()
{
    cout<<Permutation<12,18>::VALUE<<endl;
    return 0;
}
```

程序运行输出：

```
6
```

第10章　泛型程序设计与C++标准模板库

主教材要点导读

这一章的目标主要是初步了解泛型程序设计的概念，学会C++标准模板库(STL)的使用方法，为此本章介绍了一些与之有关的基本概念、术语和简单的应用举例。

STL是最新的C++标准函数库中的一个子集，这个庞大的子集占据了整个库的大约80%的分量。要很好地理解STL，不仅需要相关的数据结构知识，而且需要有一定的编程经验。因此本章旨在使读者对STL有一个基本了解，为进一步学习使用STL打下一个基础。读者只要能看懂本章的例题，并能够模仿着编写类似的简单程序就可以了。要完全掌握STL不是一朝一夕的事，需要参考STL手册，并在长期编程实践中积累经验。

ANSI/ISO C++文档中的STL是一个仅被描述在纸上的标准，对于诸多C++编译器而言，需要有各自实际的STL，它们或多或少地实现了标准中所描述的内容，这样才能够为我们所用。之所以有不同的实现版本，则存在诸多原因，有历史的原因，也有各自编译器生产厂商的原因。

实验10　标准模板库的应用(2学时)

一、实验目的

(1) 了解C++标准模板库STL的容器类的使用方法。

(2) 应用标准C++模板库(STL)通用算法和函数对象实现查找与排序。

二、实验任务

(1) 使用C++标准模板库(STL)中的双向队列类(deque)重新实现实验9中实验任务(2)。

(2) 声明一个整型数组，使用C++标准模板库(STL)中的查找算法find( )进行数据的查找，然后应用排序算法Sort( )，并配合使用标准函数对象Greater<T>对数据进行升序和降序排序。

三、实验步骤

(1) 在程序中包含语句#include <deque>，使用deque类的方法push_back( )、empty( )、pop_front( )完成实验9第(2)小题的要求。程序名：lab10_1.cpp。

(2) 声明一个包含8个元素的整型数组，使用STL中的算法find(InputIterator first, InputIterator last, const T& value)进行数据的查找，使用算法sort(RandomAccessIterator first, RandomAccessIterator last, Compare comp)和标准函数对象Greater<T>对数据进

行升序和降序排序。在函数的参数中,first 是数组第一个元素的地址,last 是数组最后一个元素的地址,value 是待查找的数字,comp 为函数对象。在程序中把数组的值和查找的结果显示出来。程序名:lab10_2.cpp。

习 题 解 答

10-1 STL 的容器、迭代器和算法具有哪些子概念? vector,deque,list,set,multiset,map,multimap 各容器的迭代器各属于哪种迭代器?

解:STL 的容器类库中包括 7 种基本容器:向量(vector)、双向队列(deque)、列表(list)、集合(set)、多重集合(multiset)、映射(map)和多重映射(multimap)。这 7 种容器可以分为两种基本类型:顺序容器(sequence container)和关联容器(associative container)。

STL 根据迭代器的功能,将它们分为 5 类:输入迭代器、输出迭代器、前向迭代器、双向迭代器、随机访问迭代器。前向迭代器这一概念是输入迭代器和输出迭代器这两个概念的子概念,双向迭代器是前向迭代器的子概念,随机访问迭代器是双向迭代器的子概念。

根据算法的语义,STL 标准模板库中的算法大致上可以分为 4 类。第一类是非可变序列的算法,通常,这类算法在对容器进行操作时不会改变容器的内容。第二类是可变序列的算法,这类算法一般会改变它们所操作容器的内容。第三类是排序相关的算法,包括排序算法和合并算法、二分查找算法以及有序序列的集合操作算法等。最后一类算法是通用数值算法,这类算法的数量比较少。

10-2 若 s 是一个大小为 5 的静态数组 int s[5],[s+1,s+4)这个区间包括数组的哪几个元素? [s+4,s+5)、[s+4,s+4)和[s+4,s+3)是合法的区间吗?

解:[s+1,s+4)包括数组的第 2、3、4 个元素。

[s+4,s+5)是合法的区间,包含数组的第 5 个元素。

[s+4,s+4)是合法的区间,不包含任何元素。

[s+4,s+3)不是合法的区间。

10-3 建立一个向量容器的实例 s,不断对 s 调用 push_back 向其中增加新的元素,观察在此过程中 s.capacity( )的变化。

解:

```
#include<iostream>
#include<vector>
using namespace std;

typedef vector<int> INTVECTOR;
int main()
{
    INTVECTOR s;
    for (int i=0; i<5; i++) {
        s.push_back(i);
        cout<<"增加一个元素后,整型向量容器对象 s 包含"<<s.capacity()<<"个元素"
        <<endl;
```

```
    }
    return 0;
}
```

程序运行输出：

```
增加一个元素后，整型向量容器对象 s 包含 1 个元素
增加一个元素后，整型向量容器对象 s 包含 2 个元素
增加一个元素后，整型向量容器对象 s 包含 4 个元素
增加一个元素后，整型向量容器对象 s 包含 4 个元素
增加一个元素后，整型向量容器对象 s 包含 8 个元素
```

10-4 如果需要使用一个顺序容器来存储数据，在以下几种情况下，分别应当选择哪种顺序容器？

（1）新元素全部从尾部插入，需要对容器进行随机访问。

（2）新元素可能从头部或尾部插入，需要对容器进行随机访问。

（3）新元素可能从任意位置插入，不需要对容器进行随机访问。

解：

（1）向量。

（2）双向队列。

（3）列表。

10-5 约瑟夫问题：n 个骑士编号 1,2,…,n，围坐在圆桌旁，编号为 1 的骑士从 1 开始报数，报到 m 的骑士出列，然后下一个位置再从 1 开始报数，找出最后留在圆桌旁的骑士编号。

（1）编写一个函数模板，以一种顺序容器的类型作为模板参数，在模板中使用指定类型的顺序容器求解约瑟夫问题，m、n 是该函数模板的形参。

（2）分别以 vector<int>、deque<int>、list<int>作为类型参数调用该函数模板，调用时将 m 设为较大的数，将 n 设为较小的数（例如令 $m=100000, n=5$），观察三种情况下调用该函数模板所需花费的时间。

解：

```
#include<iostream>
#include<typeinfo>
#include<list>
#include<deque>
#include<vector>
#include<ctime>
using namespace std;

template<class T>
void joseph(T collection, int n, int m) {
    if (n<1||m<1) {
        cout<<"错误的问题假设"<<endl;
        return;
```

```
    }
    for (int i=1; i<=n; i++)
        collection.push_back(i);
    typename T::iterator iter=collection.begin(), del;
    int counter=1;
    clock_t start=clock(), finish;
    while (collection.size()>1) {
        while (counter %m==0 && collection.size()>1) {
            counter=1;
            if (typeid(collection) !=typeid(list<int>))
                iter=collection.erase(iter);
            else {
                del=iter;
                iter++;
                collection.erase(del);
            }
            if (iter==collection.end())
                iter=collection.begin();
        }
        counter++;
        iter++;
        if (iter==collection.end())
            iter=collection.begin();
    }
    finish=clock();
    cout<<"最后剩余的人的编号是"<< * iter<<endl;
    cout<<"使用容器"<<typeid(collection).name()<<"的运算时间为"
        <<1.0 * (finish - start) / CLOCKS_PER_SEC<<"秒"<<endl;
}

int main() {
    list<int>l;
    vector<int>v;
    deque<int>d;
    joseph(l, 100000, 5);
    joseph(d, 100000, 5);
    joseph(v, 100000, 5);
    return 0;
}
```

程序运行输出：

```
最后剩余的人的编号是 40333
使用容器 St4listIiSaIiEE 的运算时间为 248.063 秒
最后剩余的人的编号是 40333
使用容器 St5dequeIiSaIiEE 的运算时间为 33.995 秒
最后剩余的人的编号是 40333
使用容器 St6vectorIiSaIiEE 的运算时间为 1.958 秒
```

10-6 编写一个具有以下原型的函数模板：

```
template<class T>
void exchange(list<T>& l1, class list<T>::iterator p1, list<T>& l2,
class list<T>::iterator p2);
```

该模板用于将 l1 链表的[p1，l1.end())区间和 l2 链表的[p2，l2.end())区间的内容交换。在主函数中调用该模板，以测试该模板的正确性。

解：

```
#include<iostream>
#include<list>
using namespace std;

template<class T>
void exchange (list < T > & l1, typename list < T >:: iterator p1, list < T > & l2,
typename list
        <T>::iterator p2) {
    list<T>temp;
    temp.splice(temp.begin(), l1, p1, l1.end());
    l1.splice(l1.end(), l2, p2, l2.end());
    l2.splice(l2.end(), temp, temp.begin(), temp.end());
}

typedef list<int>INTLIST;

int main() {
    INTLIST l1, l2;
    for (int i=0; i<4; i++)
        l1.push_back(i);
    for (int i=6; i<12; i++)
        l2.push_back(i);
    INTLIST::iterator li;
    cout<<"交换前"<<endl;
    cout<<"l1: ";
    for (li=l1.begin(); li !=l1.end(); li++)
        cout<< * li<<' ';
    cout<<endl;
    cout<<"l2: ";
    for (li=l2.begin(); li !=l2.end(); li++)
        cout<< * li<<' ';
    cout<<endl;
    INTLIST::iterator p1, p2;
    p1=l1.begin();
    p2=l2.begin();
    exchange(l1,++(++p1), l2,++p2);
```

```
    cout<<"交换后"<<endl;
    cout<<"l1: ";
    for (li=l1.begin(); li !=l1.end(); li++)
        cout<< * li<<' ';
    cout<<endl;
    cout<<"l2: ";
    for (li=l2.begin(); li !=l2.end(); li++)
        cout<< * li<<' ';
    cout<<endl;

    return 0;
}
```

程序运行输出：

```
交换前
l1: 0 1 2 3
l2: 6 7 8 9 10 11
交换后
l1: 0 1 7 8 9 10 11
l2: 6 2 3
```

10-7 分别对 stack<int>、queue<int>、priority_queue<int>的实例执行下面的操作：调用 push 函数分别将 5、1、4、6 压入；调用两次 pop 函数；调用 push 函数分别将 2、3 压入；调用两次 pop 函数。请问对于三类容器适配器，每次调用 pop 函数时弹出的元素分别是什么？请编写程序验证自己的推断。

解：

```
#include <iostream>
#include <stack>
#include <queue>
using namespace std;


int main()
{
    int a[]={5, 1, 4, 6};
    cout<<"存放整型元素的栈的操作: "<<endl;
    stack<int>iStack;
    for (int &i:a)
        iStack.push(i);
    if (!iStack.empty()) {
        cout<<"第一次 pop 操作,取出的元素是: "<<iStack.top()<<endl;
        iStack.pop();
    }
    if (!iStack.empty()) {
```

```
    cout<<"第二次 pop 操作,取出的元素是: "<<iStack.top()<<endl;
    iStack.pop();
}
iStack.push(2);
iStack.push(3);
if (!iStack.empty()) {
    cout<<"第三次 pop 操作,取出的元素是: "<<iStack.top()<<endl;
    iStack.pop();
}
if (!iStack.empty()) {
    cout<<"第四次 pop 操作,取出的元素是: "<<iStack.top()<<endl;
    iStack.pop();
}

cout<<"存放整型元素的队列的操作: "<<endl;
queue<int>iQueue;
for (int &i:a)
    iQueue.push(i);
if (!iQueue.empty()) {
    cout<<"第一次 pop 操作,取出的元素是: "<<iQueue.front()<<endl;
    iQueue.pop();
}
if (!iQueue.empty()) {
    cout<<"第二次 pop 操作,取出的元素是: "<<iQueue.front()<<endl;
    iQueue.pop();
}
iQueue.push(2);
iQueue.push(3);
if (!iQueue.empty()) {
    cout<<"第三次 pop 操作,取出的元素是: "<<iQueue.front()<<endl;
    iQueue.pop();
}
if (!iQueue.empty()) {
    cout<<"第四次 pop 操作,取出的元素是: "<<iQueue.front()<<endl;
    iQueue.pop();
}

cout<<"存放整型元素的优先级队列的操作: "<<endl;
priority_queue<int>iPriQueue;
for (int &i:a)
    iPriQueue.push(i);
if (!iPriQueue.empty()) {
    cout<<"第一次 pop 操作,取出的元素是: "<<iPriQueue.top()<<endl;
    iPriQueue.pop();
}
```

```
    if (!iPriQueue.empty()) {
        cout<<"第二次 pop 操作,取出的元素是: "<<iPriQueue.top()<<endl;
        iPriQueue.pop();
    }
    iPriQueue.push(2);
    iPriQueue.push(3);
    if (!iPriQueue.empty()) {
        cout<<"第三次 pop 操作,取出的元素是: "<<iPriQueue.top()<<endl;
        iPriQueue.pop();
    }
    if (!iPriQueue.empty()) {
        cout<<"第四次 pop 操作,取出的元素是: "<<iPriQueue.top()<<endl;
        iPriQueue.pop();
    }

    return 0;
}
```

程序运行输出：

```
存放整型元素的栈的操作:
第一次 pop 操作,取出的元素是: 6
第二次 pop 操作,取出的元素是: 4
第三次 pop 操作,取出的元素是: 3
第四次 pop 操作,取出的元素是: 2
存放整型元素的队列的操作:
第一次 pop 操作,取出的元素是: 5
第二次 pop 操作,取出的元素是: 1
第三次 pop 操作,取出的元素是: 4
第四次 pop 操作,取出的元素是: 6
存放整型元素的优先级队列的操作:
第一次 pop 操作,取出的元素是: 6
第二次 pop 操作,取出的元素是: 5
第三次 pop 操作,取出的元素是: 4
第四次 pop 操作,取出的元素是: 3
```

10-8 编写一个程序,从键盘输入一个个单词,每接收到一个单词后,输出该单词是否曾经出现过以及出现的次数。可以尝试分别用多重集合(multiset)和映射(map)两种途径实现,将二者进行比较。

解：

(1) 使用多重集合(multiset)的解决方案：

```
#include<iostream>
#include<string>
#include<set>
```

```
using namespace std;

int main() {
    string str;
    multiset<string>strset;
    while (1) {
        cout<<"输入字符串: ";
        cin>>str;
        if (str=="QUIT")
            break;
        int counter=strset.count(str);
        if (counter>0)
            cout<<str<<"在集合中曾经出现过"<<counter<<"次"<<endl;
        else
            cout<<str<<"在集合中没有出现过"<<endl;
        strset.insert(str);
    }
    return 0;
}
```

(2) 使用映射(map)的解决方案:

```
#include<iostream>
#include<string>
#include<map>
using namespace std;

int main() {
    string str;
    map<string, int>ismap;
    int i=0;
    while (1) {
        cout<<"输入字符串: ";
        cin>>str;
        if (str=="QUIT")
            break;
        int counter=ismap.count(str);
        if (counter>0)
            cout<<str<<"在映射中曾经出现过"<<counter<<"次"<<endl;
        else
            cout<<str<<"在映射中没有出现过"<<endl;
        ismap.insert(map<string, int>::value_type(str, i));
        i++;
    }
    return 0;
}
```

10-9 编写程序对比 STL 中的三个元素交换函数 swap、iter_swap 和 swap_ranges 对数组中的元素进行的交换操作。

解:

```
#include<iostream>
#include<iterator>
using namespace std;

int main() {
    int a[]={0, 1, 2, 3, 4, 5, 6, 7, 8, 9};
    cout<<"数组的元素: ";
    copy(a, a+10, ostream_iterator<int>(cout," "));
    cout<<endl;
    swap(a[5], a[6]);
    cout<<"swap 函数进行交换后,数组的元素: ";
    copy(a, a+10, ostream_iterator<int>(cout," "));
    cout<<endl;
    iter_swap(&a[1], &a[4]);
    cout<<"iter_swap 函数进行交换后,数组的元素: ";
    copy(a, a+10, ostream_iterator<int>(cout," "));
    cout<<endl;
    swap_ranges(a, a+5, a+5);
    cout<<"swap_ranges 函数进行交换后,数组的元素: ";
    copy(a, a+10, ostream_iterator<int>(cout," "));
    cout<<endl;
    return 0;
}
```

程序运行输出:

```
数组的元素: 0 1 2 3 4 5 6 7 8 9
swap 函数进行交换后,数组的元素: 0 1 2 3 4 6 5 7 8 9
iter_swap 函数进行交换后,数组的元素: 0 4 2 3 1 6 5 7 8 9
swap_ranges 函数进行交换后,数组的元素: 6 5 7 8 9 0 4 2 3 1
```

10-10 编写一个程序,从键盘输入两组整数(可以看作两个集合),分别输出同属于两组的整数(即两个集合的交集)、属于至少一组的整数(即两个集合的并集)、属于第一组但不属于第二组的整数(即两个集合的差集)。程序中需要用到 sort、set_intersection、set_union、set_difference 等算法。

解:

```
#include<iostream>
#include<iterator>
#include<algorithm>

using namespace std;
```

```
int main() {
    const int SIZE1=6, SIZE2=4;
    int a1[SIZE1];
    int a2[SIZE2];
    ostream_iterator<int>output(cout, " ");

    cout<<"输入数组 a1 的 6 个元素：";
    for (int &i:a1)
        cin>>i;
    cout<<"输入数组 a2 的 4 个元素：";
    for (int &i:a2)
        cin>>i;

    cout<<"数组 a1 的元素：";
    copy(a1, a1+SIZE1, output);
    cout<<"\n 数组 a2 的元素：";
    copy(a2, a2+SIZE2, output);

    int intersection[SIZE1+SIZE2];
    int * ptr=set_intersection(a1, a1+SIZE1, a2, a2+SIZE2, intersection);
    cout<<"\na1 和 a2 的交集：";
    copy(intersection, ptr, output);

    int unionSet[SIZE1];
    ptr=set_union(a1, a1+SIZE1, a2, a2+SIZE2, unionSet);
    cout<<"\na1 和 a2 的并集：";
    copy(unionSet, ptr, output);

    int difference[SIZE1];
    ptr=set_difference(a1, a1+SIZE1, a2, a2+SIZE2, difference);
    cout<<"\na1/a2 集合：";
    copy(difference, ptr, output);

    return 0;
}
```

10-11 下面的程序段首先构造了一个元素按升序排列的向量容器 s，然后试图调用 unique 算法去掉其中的重复元素，并将结果输出：

```
int arr[]={1, 1, 4, 4, 5 };
vector<int>s(arr, arr+5);
unique(s.begin(), s.end());
copy(s.begin(), s.end(), ostream_iterator<int>(cout, "\n"));
```

(1) 以上的输出结果是什么？是否真正达到了去除重复元素的目的？如未达到目的，

应如何对程序进行修改？

(2) 如果 s 是列表，是否有更方便高效的方法？

解：

(1) 输出结果是：

```
1
4
5
4
5
```

没有去除重复元素。要达到目的，可做如下修改（提供完整程序）：

```
#include<iostream>
#include<vector>
#include<iterator>
#include<algorithm>
using namespace std;

int main() {
    int arr[]={1, 1, 4, 4, 5 };
    vector<int>s(arr, arr+5);
    auto iter=unique(s.begin(), s.end());
    s.erase(iter, s.end());
    copy(s.begin(), s.end(), ostream_iterator<int>(cout, "\n"));
    return 0;
}
```

(2) 如果 s 是列表，可以直接调用 list 的 unique 函数：

```
#include<iostream>
#include<list>
#include<iterator>
using namespace std;

int main() {
    int arr[]={1, 1, 4, 4, 5 };
    list<int>s(arr, arr+5);
    s.unique();
    copy(s.begin(), s.end(), ostream_iterator<int>(cout, "\n"));
    return 0;
}
```

10-12 编写一个产生器，用来产生 0 到 9 范围内的随机数。建立一个顺序容器，使用该产生器和 generate 算法为该容器的元素赋值。

解：

```
#include<iostream>
```

```
#include<iterator>
#include<cstdio>
#include<ctime>
#include<list>
using namespace std;

int myRandom() {
    return rand()%10;
}

int main() {
    srand((int)time(0));
    list<int>l(20);
    generate(l.begin(), l.end(), myRandom);
    cout<<"list 的元素: "<<endl;
    copy(l.begin(), l.end(), ostream_iterator<int>(cout, " "));
    cout<<endl;
    return 0;
}
```

10-13 编写一个二元函数对象,用来计算 x 的 y 次方,其中 x 和 y 都是整数。利用该函数对象和 transform 算法,并结合适当的函数适配器,对于习题 10-12 所生成的整数序列中的每个元素 n,分别输出 5^n、n^7 和 n^n。

解:

```
#include<iostream>
#include<iterator>
#include<cstdio>
#include<ctime>
#include<list>
#include<cmath>
using namespace std;

int myRandom() {
    return rand()%10;
}
int power(int x, int y) {
    return (int)(pow(1.0*x, 1.0*y)+0.5);
}
int power1(int x) {
    return power(5, x);
}
int power2(int x) {
    return power(x, 7);
}
int power3(int x) {
```

```
    return power(x, x);
}

int main() {
    srand((int)time(0));
    list<int>l(20);
    generate(l.begin(), l.end(), myRandom);
    list<int>l1(l), l2(l), l3(l);
    cout<<"list 的元素: "<<endl;
    copy(l.begin(), l.end(), ostream_iterator<int>(cout, " "));
    transform(l1.begin(), l1.end(), l1.begin(), power1);
    cout<<"\n 对每个元素 n 求 5^n: "<<endl;
    copy(l1.begin(), l1.end(), ostream_iterator<int>(cout, " "));
    transform(l2.begin(), l2.end(), l2.begin(), power2);
    cout<<"\n 对每个元素 n 求 n^7: "<<endl;
    copy(l2.begin(), l2.end(), ostream_iterator<int>(cout, " "));
    transform(l3.begin(), l3.end(), l3.begin(), power3);
    cout<<"\n 对每个元素 n 求 n^n: "<<endl;
    copy(l3.begin(), l3.end(), ostream_iterator<int>(cout, " "));
    return 0;
}
```

10-14 为例 9-3 的 Array 类增加一个成员函数 swap。

解：在类 Array 的定义中添加如下代码：

```
void swap(int i, int j);            //交换数组元素 a[i]和 a[j]
```

实现如下：

```
//交换数组元素 a[i]与 a[j]
template<class T>
void Array<T>::swap(int i, int j) {
    if (i<0||j<0||i>=size||j>=size)
        return;
    T temp=a[i];
    a[i]=a[j];
    a[j]=temp;
}
```

10-15 对例 10-25 中的 IncrementIterator 进行扩充，使它成为一个随机访问迭代器。

解：

```
#include<iterator>
#include<algorithm>
#include<functional>
#include<iostream>
#include<set>
using namespace std;
```

```
template<class T>
class IncrementIterator: public iterator<random_access_iterator_tag, T,
        ptrdiff_t, const T*, const T&>{
private:
    T value;
    const T* valuePtr;
    mutable set<T>valueSet;

    const T* getValuePtr(int n) const {
        pair<typename set<T>::iterator, bool>iter=valueSet.insert(n);
        return &(*iter.first);
    }

    void updateValuePtr() {
        valuePtr=getValuePtr(value);
    }

public:
    typedef IncrementIterator<T>Self;
    IncrementIterator(const T& value=T()) :
        value(value) {
        updateValuePtr();
    }
    bool operator==(const Self& rhs) const {
        return value==rhs.value;
    }
    bool operator !=(const Self& rhs) const {
        return value !=rhs.value;
    }
    Self& operator++() {                        //前缀"++"
        value++;
        updateValuePtr();
        return *this;
    }
    Self operator++(int) {                      //后缀"++"
        Self tmp= *this;
        value++;
        updateValuePtr();
        return tmp;
    }
    Self& operator--() {                        //前缀"--"
        value--;
        updateValuePtr();
        return *this;
```

```
    }
    Self operator--(int) {                    //后缀"--"
        Self tmp=*this;
        value--;
        updateValuePtr();
        return tmp;
    }
    Self& operator+=(ptrdiff_t delta) {
        value+=delta;
        updateValuePtr();
        return *this;
    }
    Self& operator-=(ptrdiff_t delta) {
        value-=delta;
        updateValuePtr();
        return *this;
    }
    Self operator+(ptrdiff_t delta) const {
        return Self(value+delta);
    }
    friend Self operator+(ptrdiff_t delta, const Self& iter) {
        return iter+delta;
    }
    Self operator-(ptrdiff_t delta) const {
        return Self(value-delta);
    }
    ptrdiff_t operator-(const Self& iter) const {
        return value-iter.value;
    }
    bool operator<(const Self& iter) const {
        return value<iter.value;
    }
    const T & operator [](ptrdiff_t delta) const {
        return getValuePtr(value+delta);
    }
    const T & operator*() const {
        return *valuePtr;
    }
    const T* operator->() const {
        return valuePtr;
    }
};

int main() {
    //将[0, 10)范围内的整数输出
```

```
    copy(IncrementIterator<int>(), IncrementIterator<int>(10),
            ostream_iterator<int>(cout, " "));
    cout<<endl;

    //将下面数组中的数分别加上 0、1、2、3、…,然后输出
    int s[]={5, 8, 7, 4, 2, 6, 10, 3 };
    transform(s, s+sizeof(s) / sizeof(int), IncrementIterator<int>(),
            ostream_iterator<int>(cout, " "), plus<int>());
    cout<<endl;

    return 0;
}
```

程序运行输出:

```
0 1 2 3 4 5 6 7 8 9
5 9 9 7 6 11 16 10
```

10-16 对例 10-26 中的 mySort 算法进行进一步改进,使得当传入的第 3 个参数为随机访问迭代器时,直接在输出的区间中进行排序,避免使用 s 作为中转,从而节省时间和空间。

解:

```
#include<algorithm>
#include<iterator>
#include<vector>
#include<iostream>
using namespace std;

template<class InputIterator, class OutputIterator>
void mySort0(InputIterator first, InputIterator last, OutputIterator result,
        output_iterator_tag) {
    //通过输入迭代器 p 将输入数据存入向量容器 s 中
    vector < typename iterator _traits < InputIterator >:: value _type > s (first,
last);
    //对 s 进行排序,sort 函数的参数必须是随机访问迭代器
    sort(s.begin(), s.end());
    //将 s 序列通过输出迭代器输出
    copy(s.begin(), s.end(), result);
}

template<class InputIterator, class OutputIterator>
void mySort0(InputIterator first, InputIterator last, OutputIterator result,
        random_access_iterator_tag) {
    OutputIterator resultLast=copy(first, last, result);
    sort(result, resultLast);
```

```
}

//将来自输入迭代器p的n个数值排序,将结果通过输出迭代器result输出
template<class InputIterator, class OutputIterator>
void mySort(InputIterator first, InputIterator last, OutputIterator result) {
    mySort0(first, last, result,
            typename iterator_traits<OutputIterator>::iterator_category());
}

int main() {
    //将s数组的内容排序后输出
    double a[5]={1.2, 2.4, 0.8, 3.3, 3.2 };
    double b[5];
    mySort(a, a+5, b);
    copy(b, b+5, ostream_iterator<double>(cout, " "));
    cout<<endl;
    //从标准输入读入若干个整数,将排序后的结果输出
    mySort(istream_iterator<int>(cin), istream_iterator<int>(),
            ostream_iterator<int>(cout, " "));
    cout<<endl;
    return 0;
}
```

程序运行输出:

```
0.8 1.2 2.4 3.2 3.3
```

10-17 请补充如下泛型程序设计模板,实现对不定数量变量的自动打印。

```
#include <iostream>

void print() {
template<________, __________>
void print(__________,___________) {
    std::cout <<firstArg <<", #args left: " <<sizeof...(args) <<std::endl;
    _______________
}

int main() {
    print(2, "hello", 1);
    return 0;
}
```

样例输出:

```
2, #args left: 2
hello, #args left: 1
```

```
1, #args left: 0
```

解：

```
include <iostream>

void print() {
template<typename T , typename... Types >
void print( const T & firstArg ,  const Types &... args  ) {
    std::cout <<firstArg <<", #args left: " <<sizeof...(args) <<std::endl;
    print(args...);
}

int main() {
    print(2, "hello", 1);
    return 0;
}
```

第 11 章　流类库与输入输出

主教材要点导读

I/O 流类库是一个提供输入输出功能的、面向对象的类库。

流是对输入输出的一个抽象表述，程序通过从流中提取字符和向流中插入字符来实现输入和输出。一般来说，流是与实际的字符源或目标相关的，例如磁盘文件、键盘或显示器，所以对流进行的提取或插入操作实际上就是对物理设备的操作。

标准输入输出流对象是连接程序与标准输入输出设备的。常用的标准输出流有：cout、cerr、clog，标准输入流有：cin。标准流对象都是在<iostream>中预先声明好的。

除了标准输入输出流以外，使用其他的流之前都要首先声明流对象，因此对于 I/O 流类库的结构需要十分清楚。

输入输出流类有许多成员函数，除了主教材中介绍的以外，读者如果需要详细了解更多的信息，请查阅关于标准 C++ 库的书籍和手册。

实验 11　流类库与输入输出(2 学时)

一、实验目的

(1) 熟悉流类库中常用的类及其成员函数的用法。

(2) 学习标准输入输出及格式控制。

(3) 学习对文件的应用方法(二进制文件、文本文件)。

二、实验任务

(1) 观察以下程序的输出，注意对输出格式的控制方法。

```
//lab11_1.cpp
#include<fstream>
using namespace std;
#define D(a) T<<#a<<endl; a
ofstream T("output.out");

int main() {
  D(int i=53;)
  D(float f=4700113.141593;)
  char * s="Is there any more? ";

  D(T.setf(ios::unitbuf);)
```

```
D(T.setf(ios::showbase);)
D(T.setf(ios::uppercase);)
D(T.setf(ios::showpos);)
D(T<<i<<endl;)
D(T.setf(ios::hex, ios::basefield);)
D(T<<i<<endl;)
D(T.unsetf(ios::uppercase);)
D(T.setf(ios::oct, ios::basefield);)
D(T<<i<<endl;)
D(T.unsetf(ios::showbase);)
D(T.setf(ios::dec, ios::basefield);)
D(T.setf(ios::left, ios::adjustfield);)
D(T.fill('0');)
D(T<<"fill char: "<<T.fill()<<endl;)
D(T.width(8);)
T<<i<<endl;
D(T.setf(ios::right, ios::adjustfield);)
D(T.width(8);)
T<<i<<endl;
D(T.setf(ios::internal, ios::adjustfield);)
D(T.width(8);)
T<<i<<endl;
D(T<<i<<endl;)              //Without width(10)

D(T.unsetf(ios::showpos);)
D(T.setf(ios::showpoint);)
D(T<<"prec="<<T.precision()<<endl;)
D(T.setf(ios::scientific, ios::floatfield);)
D(T<<endl<<f<<endl;)
D(T.setf(ios::fixed, ios::floatfield);)
D(T<<f<<endl;)
D(T.setf(0, ios::floatfield);)
D(T<<f<<endl;)
D(T.precision(16);)
D(T<<"prec="<<T.precision()<<endl;)
D(T<<endl<<f<<endl;)
D(T.setf(ios::scientific, ios::floatfield);)
D(T<<endl<<f<<endl;)
D(T.setf(ios::fixed, ios::floatfield);)
D(T<<f<<endl;)
D(T.setf(0, ios::floatfield);)
D(T<<f<<endl;)

D(T.width(8);)
T<<s<<endl;
```

```
    D(T.width(36);)
    T<<s<<endl;
    D(T.setf(ios::left, ios::adjustfield);)
    D(T.width(36);)
    T<<s<<endl;

    D(T.unsetf(ios::showpoint);)
    D(T.unsetf(ios::unitbuf);)
}
```

(2) 编写程序,用二进制方式打开指定的一个文件,在每一行前加行号。

(3) (选做)使用实验 10 中的学生类数组,输入数据,显示出来,使用 I/O 流把此数组的内容写入磁盘文件,再显示出文件内容。

三、实验步骤

(1) 观察题目中程序的输出,学习对输出格式的控制方法;尝试更改输出语句中的参数,以加深对输出格式的理解。

(2) 编写程序 lab11_2.cpp 使用 int main(int argc, char * argv[])函数中的参数传递操作的文件名,声明 ofstream 的对象对文件进行操作,使用 getline 成员函数读入数据,使用 cout 输出字符到文件。

习题解答

11-1 什么叫作流?流的提取和插入是指什么?I/O 流在 C++ 语言中起着怎样的作用?

解:流是一种抽象,它负责在数据的生产者和数据的消费者之间建立联系,并管理数据的流动,一般意义下的读操作在流数据抽象中被称为(从流中)提取,写操作被称为(向流中)插入。操作系统是将键盘、屏幕、打印机和通信端口作为扩充文件来处理的,I/O 流类就是用来与这些扩充文件进行交互,实现数据的输入与输出。

11-2 cout,cerr 和 clog 有何区别?

解:cout 是标准输出,在终端显示器输出;cerr 是标准错误输出,没有缓冲,发送给它的内容立即被输出,适用于立即向屏幕输出的错误信息;clog 类似于 cerr,但是有缓冲,缓冲区满或遇到 endl 时被输出,在向磁盘输出时效率更高。

11-3 使用 I/O 流以文本方式建立一个文件 test1.txt,写入字符"已成功写入文件!",用其他字处理程序(例如 Windows 的记事本程序 Notepad)打开,看看是否正确写入。

解:

```
#include<fstream>
using namespace std;

int main()
{
```

```
    ofstream file1("test.txt");
    file1<<"已成功写入文件!";
    file1.close();
    return 0;
}
```

程序运行后 test1.txt 的内容为:

```
已成功写入文件!
```

11-4 使用 I/O 流以文本方式打开习题 11-3 建立的文件 test1.txt，读出其内容并显示出来，看看是否正确。

解：

```
#include<fstream>
#include<iostream>
using namespace std;

int main()
{
    char ch;
    ifstream file2("test.txt");
    while (file2.get(ch))
        cout<<ch;
    file2.close();
    return 0;
}
```

程序运行输出：

```
已成功写入文件!
```

11-5 使用 I/O 流以文本方式打开习题 11-3 建立的文件 test1.txt，在此文件后面添加字符“已成功添加字符!”，然后读出整个文件的内容显示出来，看看是否正确。

解：

```
#include<fstream>
#include<iostream>
using namespace std;

int main()
{
    ofstream file1("test.txt",ios::app);
    file1<<"已成功添加字符!";
    file1.close ();
    char ch;
    ifstream file2("test.txt");
```

```
    while (file2.get(ch))
        cout<<ch;
    file2.close();
    return 0;
}
```

程序运行输出：

```
已成功写入文件!已成功添加字符!
```

11-6 定义一个 Dog 类，包含体重和年龄两个成员变量及相应的成员函数，声明一个实例 dog1，体重为 5，年龄为 10，使用 I/O 流把 dog1 的状态写入磁盘文件，再声明另一个实例 dog2，通过读文件把 dog1 的状态赋给 dog2。分别使用文本方式和二进制方式操作文件，看看结果有何不同；再看看磁盘文件的 ASCII 码有何不同。

解：以两种方式操作，程序运行结果一样，但磁盘文件的 ASCII 码不同，使用二进制方式时，磁盘文件的 ASCII 码为 05 00 00 00 0A 00 00 00，使用文本方式时，磁盘文件的 ASCII 码为 05 00 00 00 0D 0A 00 00 00，这是因为此时系统自动把 0A 转换为了 0D 0A。

```
#include<iostream>
#include<fstream>
using namespace std;

class Dog {
public:
    Dog(int weight, long days) :
        itsWeight(weight), itsNumberDaysAlive(days) {
    }
    ~Dog() {
    }

    int getWeight() const {
        return itsWeight;
    }
    void setWeight(int weight) {
        itsWeight=weight;
    }

    long getDaysAlive() const {
        return itsNumberDaysAlive;
    }
    void setDaysAlive(long days) {
        itsNumberDaysAlive=days;
    }

private:
```

```
    int itsWeight;
    long itsNumberDaysAlive;
};

int main()                              //returns 1 on error
{
    char fileName[80];

    cout<<"Please enter the file name: ";
    cin>>fileName;
    ofstream fout(fileName);
    if (!fout) {
        cout<<"Unable to open "<<fileName<<" for writing.\n";
        return (1);
    }

    Dog dog1(5, 10);
    fout.write((char*) &dog1, sizeof dog1);

    fout.close();

    ifstream fin(fileName);
    if (!fin) {
        cout<<"Unable to open "<<fileName<<" for reading.\n";
        return (1);
    }

    Dog dog2(2, 2);

    cout<<"dog2 weight: "<<dog2.getWeight()<<endl;
    cout<<"dog2 days: "<<dog2.getDaysAlive()<<endl;

    fin.read((char*) &dog2, sizeof dog2);

    cout<<"dog2 weight: "<<dog2.getWeight()<<endl;
    cout<<"dog2 days: "<<dog2.getDaysAlive()<<endl;
    fin.close();
    return 0;
}
```

程序运行输出：

```
Please enter the file name: a
dog2 weight: 2
dog2 days: 2
dog2 weight: 5
dog2 days: 10
```

11-7 观察下面的程序，说明每条语句的作用，看看程序执行的结果。

```
#include<iostream>
using namespace ::std;

int main()
{
    ios_base::fmtflags original_flags=cout.flags();         //1
    cout<<812<<'|';
    cout.setf(ios_base::left,ios_base::adjustfield);        //2
    cout.width(10);                                         //3
    cout<<813<<815<<'\n';
    cout.unsetf(ios_base::adjustfield);                     //4
    cout.precision(2);
    cout.setf(ios_base::uppercase|ios_base::scientific);    //5
    cout<<831.0 ;

    cout.flags(original_flags);
    return 0;                                               //6
}
```

解：

//1 保存现在的格式化参数设置，以便将来恢复这些设置；

//2 把对齐方式由默认的右对齐改为左对齐；

//3 把输出域的宽度由默认值 0 改为 10；

//4 清除对齐方式的设置；

//5 更改浮点数的显示设置；

//6 恢复原来的格式化参数设置。

程序运行输出：

```
812|813       815
8.31E+02
```

11-8 编写程序提示用户输入一个十进制整数，分别用十进制、八进制和十六进制形式输出。

解：

```
#include<iostream>
using namespace std;

int main() {
    int n;
    cout<<"请输入一个十进制整数：";
    cin>>n;
    cout<<"这个数的十进制形式为："<<dec<<n<<endl;
```

```
    cout<<"这个数的八进制形式为: "<<oct<<n<<endl;
    cout<<"这个数的十六进制形式为: "<<hex<<n<<endl;
    return 0;
}
```

程序运行输出:

```
请输入一个十进制整数: 15
这个数的十进制形式为: 15
这个数的八进制形式为: 17
这个数的十六进制形式为: f
```

11-9 编写程序实现如下功能:打开指定的一个文本文件,在每一行前加行号后将其输出到另一个文本文件中。

解:

```
#include<fstream>
#include<strstream>
#include<cstdlib>
using namespace std;

int main(int argc, char * argv[])
{

    strstream textfile;
    {
        ifstream in(argv[1]);
        textfile<<in.rdbuf();
    }
    ofstream out(argv[2]);

    const int bsz=100;
    char buf[bsz];
    int line=0;
    while(textfile.getline(buf, bsz)) {
        out.setf(ios::right, ios::adjustfield);
        out.width(1);
        out<<++line<<". "<<buf<<endl;
    }
    return 0;
}
```

设文件名为 test,编译后运行程序 test src.txt dst.txt。

```
运行前 src.txt 的内容为:
aaaaaaaaaaaa
bbbbbbbbbbbb
cccccccccccc
```

```
dddddddddddd
eeeeeeeeeeee
ffffffffffff
gggggggggggg
hhhhhhhhhhhh

运行后 dst.txt 的内容为:
1. aaaaaaaaaaaa
2. bbbbbbbbbbbb
3. cccccccccccc
4. dddddddddddd
5. eeeeeeeeeeee
6. ffffffffffff
7. gggggggggggg
8. hhhhhhhhhhhh
```

11-10 使用宽输入流从一个有中文字符的文本文件中读入所有字符,统计每个字符出现的次数,将统计结果用宽输出流输出到另一个文本文件中。

解:

```
#include<iostream>
#include<fstream>
#include<string>
#include<map>
using namespace std;

int main()
{
    locale loc(".936");                          //创建本地化配置方案
    wcout.imbue(loc);                            //为 wcout 设置编码方案
    wifstream in(L"习题 11-10 输入.txt");         //创建文件宽输入流
    wofstream out(L"习题 11-10 输出.txt");        //创建文件宽输入流
    in.imbue(loc);                               //为 in 设置编码方案
    out.imbue(loc);                              //为 out 设置编码方案
    wstring line;                                //用来存储一行内容
    map<wchar_t, int>counter;

    while(getline(in,line))
    {
        for(int i=0; i<line.length();++i)
        {
            counter[line[i]]++;
        }
    }
```

```
    map<wchar_t, int>::iterator itor;
    int i=1;
    for(itor=counter.begin(); itor !=counter.end();++itor,++i)
    {
        out<<itor->first<<"\t"<<itor->second<<"\t";
        if(i%4==0)
        {
            out<<endl;
        }
    }
    in.close();
    out.close();
    return 0;
}
```

编译后运行程序。

习题 11-10 输入.txt 的内容为：

```
使用宽输入流从一个有中文字符的文本文件中读入所有字符,统计每个字符出现的次数,将统计
结果用宽输出流输出到另一个文本文件中。
```

运行后习题 11-10 输出.txt 的内容为：

```
。  1   一  2   个  3   中  3
从  1   件  2   使  1   入  2
出  3   到  1   另  1   字  3
宽  2   将  1   所  1   数  1
文  5   有  2   本  2   果  1
次  1   每  1   流  2   现  1
用  2   的  2   符  3   结  1
统  2   计  2   读  1   输  3
,  2
```

11-11 修改本章的综合实例,不再在文件中保存用户输入的命令,而是在每次程序结束前使用 boost 的 Serialization 程序库将当前状态保存到文件中,程序启动后再从文件中将状态恢复。

解：修改 Account 类如下：

```
//包含以简单文本格式实现存档的头文件
#include<boost/archive/text_oarchive.hpp>
#include<boost/archive/text_iarchive.hpp>
#include<boost/serialization/base_object.hpp>
class Account {                                    //账户类
    //…
    //Account 类中为以下函数增加了一个参数,其他成员与例 11-13 完全相同
    friend class boost::serialization::access;
```

```
    template<class Archive>
    void serialize(Archive & ar, const unsigned int version)
    {
        ar & id;
        ar & balance;
        ar & total;
    }
};
```

创建新类 CurrentState,并将原先所有文件中的 accounts 使用 cur.accounts 替换。

```
//包含以简单文本格式实现存档的头文件
#include<boost/archive/text_oarchive.hpp>
#include<boost/archive/text_iarchive.hpp>
#include<boost/serialization/base_object.hpp>
#include<boost/serialization/vector.hpp>

class CurrentState
{
friend class boost::serialization::access;
    template<class Archive>
    void serialize(Archive & ar, const unsigned int version)
    {
      //序列化基类信息
      ar & accounts;
}
public:
vector<Account * >accounts;
}
```

修改 main 函数如下：

```
CurrentState cur;
int main() {
    Date date(2008, 11, 1);                         //起始日期
    Controller controller(date);
    string cmdLine;
std::ifstream fin("accounts.txt");
    boost::archive::text_iarchive ia(fin);      //文本的输入归档类
    ia>>cur;

    while (!controller.isEnd()) {                 //从标准输入读入命令并执行,直到退出
        cout<<controller.getDate()<<"\tTotal: "<<Account::getTotal()<<"\tcommand>";
        string cmdLine;
        getline(cin, cmdLine);
        if (controller.runCommand(cmdLine))
            fileOut<<cmdLine<<endl;              //将命令写入文件
```

```
    }

    std::ofstream fout("accounts.txt");        //把对象写到文件中
      boost::archive::text_oarchive oa(fout);
                                          //文本的输出归档类,使用一个 ostream 来构造
    oa<<cur;
    return 0;
}
```

第 12 章　异常处理

主教材要点导读

在大型面向对象应用程序中，经常涉及异常处理。使用异常处理使得应用方案的设计更方便、具体。

C++ 语言提供了一个非常好的异常处理方法。通过这种方法，被调函数可以告知调用函数：有某种错误出现。C++ 语言中的异常处理可以涵盖到对任何错误的处理，不论是内存分配失败还是程序运行过程中类型转换错误。异常处理提供了一种将控制和信息从错误发生点转移到异常处理点的方法。当一个函数中出现错误而它自身不能解决时，这个函数可以抛出(throw)一个异常，通知它的直接或间接调用者处理这个错误。一个函数可以通过捕获(catch)异常来表明它希望处理这种异常。

C++ 语言提供了三个关键字来对异常进行处理。

try：可能抛出异常的程序段必须以 try 开始。紧跟着 try 的是一段包含在花括号中的程序，这段程序有可能抛出异常。

throw：异常要通过关键字 throw 来抛出。异常对象的类型决定了哪一个 catch 语句可以捕获这一异常。

catch：处理异常的程序必须以 catch 开始。跟随在 catch 后面的是一段包含在花括号中的程序。

实验 12　异常处理(2 学时)

一、实验目的

(1) 正确理解 C++ 语言的异常处理机制。

(2) 学习异常处理的声明和执行过程。

二、实验任务

声明一个异常类 CException，它有成员函数 Reason()，它用来显示异常的类型，在子函数中触发异常，在主程序中处理异常，观察程序的执行流程。

三、实验步骤

编写程序 lab12_1.cpp。在 CException 类的成员函数 Reason( )中用 cout 显示异常的类型，在函数 fn1( )中用 throw 语句触发异常，在主函数的 try 模块中调用 fn1( )，在 catch 模块中捕获异常。

习 题 解 答

12-1 什么叫异常？什么叫异常处理？

解：当一个函数在执行的过程中出现了一些不平常的情况，或运行结果无法定义的情况，使得操作不得不被中断时，我们说出现了异常。异常通常是用 throw 关键字产生的一个对象，用来表明出现了一些意外的情况。我们在设计程序时，就要充分考虑各种意外情况，并给予恰当的处理。这就是我们所说的异常处理。

12-2 C++ 语言的异常处理机制有何优点？

解：C++ 语言的异常处理机制使得异常的引发和处理不必在同一函数中，这样底层的函数可以着重解决具体问题，而不必过多地考虑对异常的处理。上层调用者可以在适当的位置设计对不同类型异常的处理。

12-3 举例说明 throw、try、catch 语句的用法。

解：throw 语句用来引发异常，用法为：

```
throw  表达式;
```

例如：

```
throw 1.0E-10;
```

catch 语句用来处理某种类型的异常，它跟在一个 try 程序块后面处理这个 try 程序块产生的异常，如果一个函数要调用一个可能会引发异常的函数，并且想在异常出现后处理异常，就必须使用 try 语句来捕获异常。

例如：

```
try{
    语句                //可能会引发多种异常
}
catch(参数声明 1)
{
    语句                //异常处理程序
}
```

12-4 设计一个异常抽象类 Exception，在此基础上派生一个 OutOfMemory 类响应内存不足，一个 RangeError 类响应输入的数不在指定范围内，实现并测试这几个类。

解：源程序：

```
#include <iostream>
using namespace std;

class Exception
{
public:
    Exception(){}
```

```
    virtual ~Exception(){}
    virtual void PrintError()=0;
};

class OutOfMemory : public Exception
{
public:
    OutOfMemory(){}
    ~OutOfMemory(){}
    virtual void PrintError();
};

void OutOfMemory::PrintError()
{
    cout<<"Out of Memory!!\n";
}

class RangeError : public Exception
{
public:
    RangeError(unsigned long number){BadNum=number;}
    ~RangeError(){}
    virtual void PrintError();
    virtual unsigned long GetNumber() {return BadNum;}
    virtual void SetNumber(unsigned long number) {BadNum=number;}
private:
    unsigned long BadNum;
};

void RangeError::PrintError()
{
    cout<<"Number out of range. You used "<<GetNumber()<<" !\n";
}


void fn1();
unsigned int * fn2();
void fn3(unsigned int *);

int main()
{
    try
    {
        fn1();
    }
```

```
    catch (Exception& theException)
    {
        theException.PrintError();
    }
    return 0;
}

unsigned int * fn2()
{
    unsigned int * n=new unsigned int;
    if (n==0)
        throw OutOfMemory();
    return n;
}

void fn1()
{
    unsigned int * p=fn2();

    fn3(p);
    cout<<"The number is : "<< * p<<endl;
    delete p;
}

void fn3(unsigned int * p)
{
    long Number;
    cout<<"Enter an integer(0~1000): ";
    cin>>Number;

    if (Number>1000||Number<0)
        throw RangeError(Number);
    * p=Number;
}
```

程序运行输出：

```
Enter an integer(0~1000): 56
The number is : 56
Enter an integer(0~1000): 2000
Number out of range. You used 2000!
```

12-5 练习使用 try、catch 语句，在程序中用 new 分配内存时，如果操作未成功，则用 try 语句触发一个 char 类型异常，用 catch 语句捕获此异常。

解:

```
#include<iostream>
using namespace std;

int main()
{
    char * buf;
    try
    {
        buf=new char[512];
        if(buf==0)
            throw "内存分配失败!";
    }
    catch(char * str)
    {
        cout<<"有异常产生: "<<str<<endl;
    }
    return 0;
}
```

12-6 修改例 9-3 的 Array 类模板,在执行"[]"运算符时,若输入的索引 i 在有效范围之外,抛出 out_of_range 异常。

解:

```
//重载下标运算符,实现与普通数组一样通过下标访问元素,并且具有越界检查功能
template<class T>
T &Array<T>::operator[] (int n) {
    if(n>=0 && n<size)              //检查下标是否越界
        return list[n];             //返回下标为 n 的数组元素
    else
        throw out_of_range("invalid ? position");
}

template<class T>
const T &Array<T>::operator[] (int n) const {
    if(n>=0 && n<size)              //检查下标是否越界
        return list[n];             //返回下标为 n 的数组元素
    else
        throw out_of_range("invalid ? position");
}
```

12-7 例 9-10 的 Queue 模板中有哪些函数不是异常安全的? 请尝试对这些函数进行修改,使之成为异常安全的。

解:

```
template<class T, int SIZE>
```

```
void Queue<T, SIZE>::insert (const T& item) {       //向队尾插入元素(入队)
    if (count==SIZE)
    {
        throw out_of_range("invalid ? position");
    }

    count++;                                        //元素个数增 1
    list[rear]=item;                                //向队尾插入元素
    rear=(rear+1) %SIZE;                  //队尾指针增 1,用取余运算实现循环队列
}

template<class T, int SIZE>
T Queue<T, SIZE>::remove() {              //删除队首元素,并返回该元素的值(出队)
    if (count==0)
    {
        throw out_of_range("invalid ? position");
    }
    int temp=front;                       //记录下原先的队首指针
    count--;                              //元素个数自减
    front=(front+1) %SIZE;                //队首指针增 1。取余以实现循环队列
    return list[temp];                    //返回首元素值
}
```

12-8 智能指针 auto_ptr 有什么用处？设计一个类 SomeClass，在它的默认构造函数、复制构造函数、赋值运算符和析构函数中输出提示信息，在主程序中创建多个 auto_ptr＜SomeClass＞类型的实例，彼此之间进行拷贝构造和赋值，观察输出的提示信息，体会 auto_ptr 的工作方式。

解：智能指针对象在析构时，会自动对它所关联的指针执行 delete，避免异常发生时的资源泄漏。

```
#include<iostream>
#include<fstream>
#include<string>
#include<map>
#include<memory>
using namespace std;

class SomeClass
{
public:
    SomeClass(string name):str(name){cout<<str<<": In construct function."<<endl;}
    ~SomeClass(){cout<<str<<": In Destruct function."<<endl;}
    SomeClass(SomeClass &){cout<<str<<": In copy construct function."<<endl;}
    SomeClass & operator=(SomeClass &){cout<<str<<": In assignment function."
      <<endl;return * this;}
```

```
private:
    string str;
};

int main()
{
    auto_ptr<SomeClass>ptr1(new SomeClass("ptr1"));
    auto_ptr<SomeClass>ptr2(new SomeClass("ptr2"));

    *ptr2=*ptr1;

    {
        auto_ptr<SomeClass>ptr3(ptr2);
        ptr1=ptr3;
    }

    return 0;
}
```